AI智赋生活

轻松入门　高效办公

《AI智赋生活》编写组　编

海洋出版社

2025年·北京

图书在版编目(CIP)数据

AI智赋生活 ： 轻松入门高效办公 / 《AI智赋生活》编写组编. -- 北京 : 海洋出版社, 2025. 4. -- ISBN 978-7-5210-1528-7

Ⅰ. TP317.1

中国国家版本馆CIP数据核字第2025MC8484号

AI ZHIFU SHENGHUO: QINGSONG RUMEN GAOXIAO BANGONG

责任编辑：赵　武
责任印制：安　森

海洋出版社 出版发行
http://www.oceanpress.com.cn
北京市海淀区大慧寺路 8 号　　邮编：100081
侨友印刷（河北）有限公司印刷　　新华书店经销
2025年4月第1版　　2025年4月第1次印刷
开本：787mm × 1092mm　　1 / 16　　印张：7
字数：80千字　　定价：29.80元
发行部：010-62100090　　总编室：010-62100034
海洋版图书印、装错误可随时退换

《AI智赋生活》编写组

向思源　杨国利　郑奇斌

岳爱珍　邓婉霞　刘　磊

项　翔　孙　巍　邓　昂

金　希　于婷玮　闻　正

序

人工智能技术正以磅礴之势重塑人类社会的运行图景，从实验室的精密算法到千家万户的智能终端，从产业升级的澎湃浪潮到社会治理的深刻变革，AI 已悄然成为推动时代进步的核心引擎。值此技术革新与产业转型交汇之际，《AI 智赋生活》一书的问世，恰如一场及时雨，为大众揭开 AI 的神秘面纱，架起一座连接技术本质与生活实践的桥梁。

本书以“与 AI 共创未来新图景”为脉络，系统性地梳理了人工智能的技术演进、工具应用与伦理边界。从初识 AI 的哲学思辨，到垂直领域的深度赋能；从工作效率的颠覆性提升，到隐私安全的科学防护，全书既展现了 AI 技术的普惠魅力，亦不回避其发展中的挑战与风险。尤为可贵的是，作者以“工具即服务”的务实视角，将一系列如何使用国产大语言模型的实战技巧娓娓道来，既授人以鱼，更授人以渔。无论是公文生成的精准指令模板，还是数据分析的四维框架，皆体现了“技术下沉、场景落地”的编著智慧，堪称职场人士拥抱智能时代的操作手册。

在 AI 技术狂飙突进的今天，我们尤需警惕“唯技术论”的陷阱。书中第 4 章以“数字护城河”为喻，深入剖析数据安全与伦理规范，既呼应了《生成式人工智能服务管理暂行办法》的立法精神，也为读者敲响了“技术向善”的警钟。当算法能透视生活轨迹、预测健康风险时，我们更应牢记：技术的温度，终究取决于使用者的价值观。本书以鲜活的案例警示“AI 禁区”，以严谨的法律条款筑牢“安全防线”，彰显了科技工作者应有的社会责任感。

从达特茅斯会议的星火初燃，到ChatGPT引发的全球震动；从专家系统的踟蹰前行，到大模型技术的突破性爆发，每一次技术跃迁都印证着“创新驱动发展”的真理。本书对AI发展史的梳理，既是对先驱者智慧的致敬，亦是对未来探索者的启迪。在“弱人工智能”向“强人工智能”演进的漫长征程中，我们需要更多这样兼具专业深度与传播广度的科普著作，让公众既惊叹于技术的神奇，亦保持理性的审慎。

当前，我国正加速推进“人工智能+”行动，“数实融合”让人工智能不再只是工具，而是成为实体经济的“新基建”和“新动能”。《AI智赋生活》以“瀚海智语”等垂直领域案例，生动诠释了AI赋能千行百业的无限可能。无论是海洋经济的智慧监测，还是医疗健康的精准诊断，AI技术正在打破学科壁垒，重塑产业生态。本书的实践指南，恰为这场变革提供了方法论支撑——唯有让技术扎根场景、服务民生，方能在人机协作中释放最大价值。

展望未来，人工智能将更深层次地融入人类文明的肌理。但技术的终极使命，始终是拓展人类能力的边界，而非替代人性的光辉。愿每一位读者以此书为舟楫，在AI浪潮中既做乘风破浪的探索者，更做科技伦理的守护者。

前　言

数字时代的浪潮正以前所未有的速度重塑社会运行模式，人工智能（Artificial Intelligence，AI）技术作为这一变革的核心驱动力，已悄然渗透至工作的各个领域。近年来，从政策解读到文档撰写，从数据分析到客户服务，AI 技术逐步成为提升工作效率的关键工具。据统计，通过 AI 辅助的工作流程平均效率可提升 40% 以上，且这一趋势仍在加速。对职场人士而言，掌握 AI 工具不仅是适应时代发展的必然选择，更是突破传统工作模式、实现个人与团队协同进化的关键途径。

在日常工作场景中，AI 的价值已从初级的自动化工具升级为智能决策的伙伴。以文档写作为例，AI 不仅能快速生成符合规范的通知、报告初稿，还能通过语义分析优化语言表达，从而显著减少格式错误与逻辑疏漏。而在数据处理领域，自然语言驱动的分析工具可将复杂表格转化为直观结论，甚至动态预警项目执行偏差，为决策者提供实时支持。这些实践案例表明，AI 并非替代人力，而是通过人机协作提升效率与创造力值——让专业人员从烦琐事务中抽身，聚焦于更具创造性与战略性的工作。此外，人工智能的普及还在一定程度上推动了知识的平权，让不同教育背景的员工都能更便捷地获取和运用知识，提升自身能力，进一步促进工作效率的提升和团队整体实力的增强。

然而，AI 技术的应用绝非“一键万能”。工具的选择需兼顾安全性与实用性，例如需优先使用符合数据安全规范的交互平台，避免敏感信息泄露风险；生成内容的准确性也需通过交叉验证与人工审核双重保障。此外，版权与伦理问题同样不容忽视，例如AI设计宣传物料时需确保素材来源合规，避免发生法律争议。这些挑战要求使用者在享受技术红利的同时，始终保持审慎与批判性思维，并不断提升自身的信息素养和风险意识。

本书的编写初衷，正是为职场人士提供一条从认知到实践的系统化路径。通过聚焦DeepSeek、腾讯元宝、豆包、文心一言、通义千问等主流AI工具，结合文档写作、会议管理、宣传策划等高频场景，我们将拆解具体操作流程，并附以经过验证的提示词模板与风险规避指南。书中案例均基于真实工作需求设计，例如：怎样用Kimi快速提炼政策要点；如何借助讯飞星火实现语音转写与待办事项自动归类。希望读者不仅能掌握工具的使用技巧，更能理解AI赋能工作创新的底层逻辑，从而在数字化浪潮中把握主动，成为新时代高效工作的引领者。

编　者

2025年3月

目　录

第 1 章

初识 AI：这位“新朋友”到底有多厉害？

1.1 人工智能：到底是个啥?

1956 年夏天，美国汉诺威小镇的达特茅斯学院见证了一场改变人类科技进程的学术盛会。约翰·麦卡锡（John McCarthy，Lisp 编程语言发明者、1972 年图灵奖获得者）、马文·明斯基（Marvin Minsky，人工智能与认知学专家）、克劳德·香农（Claude Shannon，信息论的创始人）、艾伦·纽厄尔（Allen Newell，计算机科学家）、赫伯特·西蒙（Herbert Simon，1978 年诺贝尔经济学奖获得者）等多个领域的科学家齐聚一堂，围绕“用机器来模仿人类的学习及其他方面的智能”这一极具前瞻性和争议性的话题展开了深入探讨。

这场为期两个月的学术会议，为这个新兴研究领域赋予了一个响亮的名字——人工智能（Artificial Intelligence，AI）。约翰·麦卡锡更是首次提出“人工智能”这一术语，并将其定义为“制造智能机器的科学与工程”。

如今，人工智能已走过半个多世纪的发展历程，但却始终没有一个被广泛认可的统一定义。什么是人工智能？对于这个问题，不同学者、专家从各自的角度出发，都有着不同的解读。

人工智能领域的开创者之一尼尔斯·约翰·尼尔森 (Nils J. Nilsson) 认为：“人工智能是关于知识的学科——怎样表示知识以及怎样获得知识并使用知识的学科。”

美国麻省理工学院的帕特里克·温斯顿（Patrick Winston）教授表示：“人工智能就是研究如何使计算机去做过去只有人才能做的智能工作。”

维基百科形成了一个相较而言被普遍认可的定义：人工智能就是机器展现出的智能，即某种机器，具有某种或某些“智能”的特征或表现，都应当算作“人工智能”。

我国学者在人工智能的定义上也是各抒己见。

中国科学院院士、清华大学人工智能研究院名誉院长张钹认为：人工智能是利用机器去模仿人的智能行为，这些智能行为包括推理、决策、规划、感知和运动。

中国科学院院士、中国科学院自动化研究所研究员谭铁牛表示：人工智能是一门以探寻智能本质、研制具有类人智能的智能机器为目的，以模拟、延伸和扩展人类智能的理论、方法、技术及应用系统为内容，以会看、会说、会行动、会思考、会学习为表现形式的学科。

2018 年，中国国家标准化管理委员会发布《人工智能标准化白皮书（2018 年）》。其中写道，人工智能是利用数字计算机或者数字计算机控制的机器模拟、延伸和扩展人的智能，感知环境、获取知识并使用知识获得最佳结果的理论、方法、技术及应用系统。

尽管不同来源对人工智能的定义有所不同，但核心观点一致：人工智能是通过计算机程序或机器来模拟、延伸和扩展人类智能的技术科学。简单讲，人工智能 = 让机器模仿人类的“学习能力”“推理能力”和“决策能力”。

1.2 AI 的前世今生：从诞生到爆发

自古代哲学家对逻辑和推理的探索，到 20 世纪计算机科学的横空出世，我们一路见证了人工智能从最初的概念萌芽，到如今的技术蓬勃兴盛。

1.2.1　图灵测试：AI 的哲学之基

“机器能思考吗？”这个问题几十年来一直是人工智能讨论的中心。1950 年，艾伦·图灵（Alan Turing）这位开创性的数学家和计算机科学家，提出了著名的图灵测试。

验证方法是：让一台机器与人类展开对话（提问者通过键盘、话筒或其他输入装置进行提问）。提问者向机器随意提问，双方被分隔开，人类并不知道对话的是人还是机器。经过多次测试，如果有超过 30% 的提问者认为回答问题的是人而不是机器，那么这台机器就通过了测试，被认为具有智能。

图灵测试的主要目标并非证明机器能够以与人类相同的方式“思考”，而是评估机器是否能够逼真地模拟出人类的行为，达到足以令人信服的程度。图灵认为，若机器能“欺骗”人类评判者，让他们认为它是人类，那么它就展示了一种智能。

图灵测试自诞生以来，一直是人工智能的哲学和实践基准。

1.2.2　达特茅斯：AI 的诞生之源

1956 年的达特茅斯会议被公认为是人工智能的起源。

1955 年 8 月，约翰·麦卡锡等 4 位学者向美国洛克菲勒基金会递交了一份题为《关于举办达特茅斯人工智能暑期研讨会的提议》(A Proposal for the Dartmouth Summer Research Project on Artificial Intelligence) 的建议书，希望基金会资助计划于 1956 年在达特茅斯学院举办的人工智能研讨会。

在收到建议书 3 个月后，洛克菲勒基金会主管此事的莫里森博士作出回复。基金会认为虽然申请书所提及研究内容“难以让人彻悟”，但是鉴于这一研究所具有的长期挑战性特点，基金会愿意资助其申请经费的一半，即 7500 美元来支持这个研讨会。

达特茅斯会议的召开，标志着人工智能作为一门独立的学科正式诞生，也正因如此，1956 年通常被称为“人工智能元年”。

1.2.3 跌宕起伏：AI 的发展之路

（1）早期探索与初轮寒冬（20 世纪 50—70 年代）

达特茅斯会议后，人工智能领域进入充满活力的探索期。逻辑处理机和跳棋程序的出现，成为人工智能早期发展的重要里程碑。

1956 年，艾伦·纽厄尔和赫伯特·西蒙开发出“逻辑理论家”程序，成功证明了《数学原理》中 52 条定理中的 38 条，其中某些证明方法甚至比人类数学家的证明方法更加巧妙。1952 年，亚瑟·塞缪尔（Arthur Samuel）编写的跳棋程序，使用了强化学习的思想，能够自己跟自己对弈，并在对局中积累经验、调整策略。1962 年，该程序战胜了一位人类跳棋大师，标志着人工智能在特定领域超越人类能力的开端。

这些早期的人工智能成果，虽然现在看来显得十分稚嫩，但却展示了人工智能在逻辑推理、学习和自然语言处理等方面的巨大潜力。

好景不长，20 世纪 70 年代，人工智能领域陷入长达十余年的寒冬期。原因是多方面的。首先，早期的人工智能就像是被牵着线的木偶，大多靠固定指令来处理特定问题，不具备真正的学习和思考能力。一旦遇到复杂问题，这些程序就无法招架，展现不出智能行为。其次，当时的计算能力严重不足，计算机硬件性能有限，内存小、处理速度慢，无法满足人工智能对数据处理和计算的需求。再次，当时的人工智能研究者对发展前景做出了过高预测，承诺短期内实现通用人工智能，但随着时间推移，人们发现实现这一目标远比想象中困难。公众的态度从期待变为怀疑和失望，批评声不断，许多机构减少甚至停止了对人工智能研究的资助。

（2）专家系统与寒冬再临（20 世纪 80 年代—90 年代初期）

20 世纪 80 年代，专家系统崛起，成为这一时期的标志性事件。这是一种基于知识的智能系统，能把某一领域里的各种知识和经验都装进自己的“脑袋”，专门解决特定领域里的复杂问题。

在医疗诊断领域，MYCIN 系统绝对算得上是经典之作。它由斯坦福大学的爱德华·肖特利夫（Edward Shortliffe）等人开发，旨在帮助医生诊断和治疗血液感染疾病。MYCIN 系统拥有庞大的医学知识库，它会在诊断时和医生进行友好“对话”，详细了解患者的症状、病史等关键信息，然后调用知识库进行推理，最终给出诊断建议和治疗方案。其诊断准确率为 70% ~ 80%，接近甚至超过了一些经验丰富的医生。

专家系统的成功应用，标志着人工智能从早期的理论研究逐渐走向成熟，开始在实际应用中发挥重要作用。

20 世纪 80 年代到 90 年代，美国和日本立项支持人工智能研究，人工智能进入第二个发展高潮期。1997 年，IBM 深蓝超级计算机战胜了国际象棋世界冠军加里·卡斯帕罗夫（Garry Kasparov），成为具有里程碑意义的事件。

然而，专家系统的局限性也逐渐暴露。知识获取是首要难题。构建一个专家系统，需要从相关领域专家那里获取大量知识和经验，再转化成计算机能理解和处理的形式。这一过程费时费力，需要投入大量人力物力，很多应用场景都吃不消。

缺乏通用性是另一大问题。专家系统是特定领域的专属工具，它的知识和推理机制都只适用于这个领域，出了这个领域就玩不转了。因此，专家系统受到越来越多的质疑和挑战，人工智能领域再次陷入寒冬。

（3）机器学习与数据驱动（20 世纪 90 年代—21 世纪 10 年代）

20 世纪 90 年代，计算机技术飞速发展，数据量不断增加，机器学习作为人工智能的一个重要分支，开始崭露头角。

机器学习，是一次变革性的发展。以往，人们需要事先编写大量烦琐的规则和程序，计算机才能勉强“工作”。但有了机器学习，计算机便能够自主从海量数据中挖掘并学习隐藏其中的模式和规律，展现出更强的适应性和灵活性。

决策树算法在这一时期得到了广泛的应用和发展。决策树是一种基于树状结构的分类模型，它会对数据的特征进行细致入微、一层一层地分析和判断，最终构建出一棵枝繁叶茂、条理清晰的树状结构，通过这棵树，就能对数据进行精准的分类和预测。

机器学习的出现，使得人工智能更加贴近实际应用，为后来的深度学习和人工智能的广泛应用奠定了基础。人工智能波澜壮阔的新时代，即将到来。

（4）智能爆发与普及浪潮（21 世纪 10 年代至今）

进入 21 世纪，互联网迅速在全球蔓延开来，大数据时代悄然来临。海量的数据为人工智能的发展提供了充足养分，深度学习作为机器学习的一个重要分支，凭借超强的“找特征”本领，成为推动人工智能爆发的关键力量。

深度学习特指基于深层神经网络模型和方法的机器学习。深度学习最厉害的地方，就是它能自己找出数据里的关键特征，比人工设计的特征更好用、更靠谱。就目前看来，深度学习是解决强人工智能这一重大科技问题的最具潜力的技术途径，也是当前计算机、大数据科学和人工智能领域的研究热点。

大模型的发展也在人工智能领域掀起了新的浪潮。随着技术不断演进，大模型已成为人工智能迈向更高阶段的关键驱动力。大模型和人工智能关系密切，可以概括为：大模型是人工智能领域的一个重要分支，是实现通用人工智能的关键技术之一。

大模型（Large Model，LM），就是参数规模庞大、计算结构复杂的机器学习模型。这些模型通常由深度神经网络构建而成，拥有数十亿甚至数千亿个参数。大模型的设计目的是提高模型的表达能力和预测性能，能够处理更加复杂的任务和数据。大模型在自然语言处理、计算机视觉、语音识别和推荐系统等领域都有广泛应用。

大语言模型（Large Language Model，LLM），即面向自然语言处理的大模型。它是一种基于深度学习技术的自然语言处理模型，具有非常多的参数和复杂的网络结构，能够理解和生成自然语言文本。我们说的大模型一般是指大语言模型，也就是 LLM。

1.3 人工智能的分类

在探讨人工智能的分类时，我们不妨先从其核心准则出发。人工智能虽然概念上存在诸多争议，但其核心目标始终未变：一是探索那些使智能成为可能的原理；二是通过感知、交流、学习、推理以及在复杂环境中做出决策等智能行为来实现这一目标。

无论人工智能的边界如何拓展，都难以脱离这两个核心准则。任何理论、方法、技术和系统，若不具备这两个核心准则，恐怕很难被冠以“人工智能”之名。基于这些准则，我们可以进一步探讨人工智能的不同分类，以更清晰地理解其多样性和复杂性。

1.3.1 能力维度：弱人工智能、强人工智能、超人工智能

目前，根据人工智能是否能真正实现推理、思考和解决问题等智能行为，可以将人工智能分为弱人工智能（Artificial Narrow Intelligence，ANI）、强人工智能（Artificial General Intelligence，AGI）以及超人工智能（Artificial Super Intelligence，ASI）。

弱人工智能，就是专门用来完成特定任务的智能机器。它们没有真正的思考能力和自主意识。比如苹果的语音助手 Siri，它靠强大的互联网数据库，能和人进行简单对话，但面对复杂的语义环境就毫无办法。曾经打败围棋世界冠军的 AlphaGo 也是如此，它只会下围棋，问它其他问题，它就不知道怎么回答了。尽管如此，弱人工智能依旧在语音识别、图像分类、物体分割、机器翻译等领域取得了重大突破。

强人工智能，就是真正能思考的智能机器。它各方面都能跟人

类智能比肩，人类能干的脑力活，它都能搞定。强人工智能有类似人类的心理能力，能思考、计划、解决问题，还有抽象思维，能理解复杂概念，也能快速学习，从经验里成长。不过，强人工智能在哲学和技术上都面临着巨大的挑战。哲学上，关于思维与意识的探讨从未停歇；技术上，实现强人工智能的时间节点亦尚无定论。

超人工智能，简单说，就是在几乎所有领域都比人类大脑聪明得多的存在，无论是科学创新、知识储备，还是社交技能，它都远超人类。不过，超人工智能目前还只是一个概念，还没有任何证据表明人类能够研发出一个全方位超越自己的机器。

1.3.2　融合程度：识你、懂你、AI 你

从与人的融合程度来看，人工智能产品的发展可划分为三个阶段。

一是“识你”阶段。这个阶段，人工智能的核心任务是通过各种技术手段，让机器人或设备能够识别出你是谁。这包括人脸识别技术、语音识别技术，以及指纹识别技术等。后者是这一阶段的重要成果，它可以通过分析指纹的独特图案来验证个人身份。

二是“懂你”阶段。这一阶段人工智能要让机器不仅能够识别你，还能理解你的需求、习惯和喜好。这需要人工智能具备深度学习和数据分析的能力，通过收集和分析用户的行为数据，来预测用户的需求和偏好。例如，智能助手可以根据你的日程安排和偏好，自动为你推荐合适的餐厅、电影或音乐。智能家居系统可以根据你的生活习惯，自动调节室内温度、照明等环境参数。

三是“AI 你”阶段。这是人工智能发展的终极目标，即让人工

智能真正为人类提供点对点的定制化智能服务。例如，人工智能医生可以根据患者的基因信息、病史、生活习惯等，提供个性化的治疗方案。人工智能教育系统可以根据学生的学习进度、兴趣爱好、学习风格等，提供个性化的教学内容和方法。

目前，人工智能产品基本实现了“识你”，正在向“懂你”的路上飞速发展，还没有实现“AI 你”。

1.4 人工智能的“成长秘籍”

一个人如果想成功，首先要学习大量的知识，其次需要有正确的学习方法，再次需要有强健的体魄，这分别对应了 AI 发展的三大支柱：数据、算法、算力。

1.4.1 数据：人工智能的“营养来源”

计算机要想变得智能，就同人类需要吃饭补充营养一样，需要从大数据里“汲取养分”。回顾过去十几年，数据量呈现爆炸式增长的态势，海量的数据为人工智能技术的新一轮发展注入了强大动力。

深度学习算法是推动人工智能技术突破性发展的关键技术理论，其基础正是依赖于大量训练数据的支撑。训练数据的数量越多、完整性越高、质量越好，模型推断出的结论也就越可靠。

根据 Dimensional Research 的全球调研报告，72% 的受访者认为至少使用超过 10 万条训练数据进行模型训练，才能保证模型的有效性和可靠性。这好比学生在学习过程中，需要大量的练习题来巩固知识，以提高成绩。

1.4.2　算法：人工智能的“学习方法”

人工智能算法，说到底其实就是数学模型。它通过对海量数据进行学习和训练，不断地调整、优化模型参数，从而使其功能达到最佳状态。以语音识别为例，其背后的数学模型就是通过对大量的语音数据进行识别训练，逐步将参数调整到能够实现 98% 以上的识别率。正如学生在学习过程中，通过反复练习和调整学习方法来提高成绩。

目前应用最为广泛的人工智能数学模型是人工神经网络。它模仿人类大脑神经元的连接方式，构建起复杂的网络结构，从而能够高效处理和分析各种数据。人类的大脑在不断学习和经验积累中会变得越来越聪明，人工神经网络也能够在不断学习数据的过程中提升自己的“智能水平”。

1.4.3　算力：人工智能的“体力支撑”

人工智能的数据训练工作可不轻松，要靠强大电脑硬件撑腰，这就是算力。此前近半个世纪，计算机硬件依循摩尔定律前行，即 18 个月硬件产品会有一次更新换代，硬件性能会翻一番。如今，计算机的计算能力已能够满足人工智能训练需求，强力推动它的发展。

海量算力好比大规模训练和生产 AI 模型的“入场券”，必不可少。随着数据量激增、算法模型日益复杂以及应用场景不断深入，对算力的需求也在快速攀升。《2022—2023 中国人工智能计算力发展评估报告》显示，2021 年中国智能算力规模达 155.2 EFLOPS（每秒百亿亿次浮点运算），2022 年智能算力规模将达到 268.0

EFLOPS，预计到 2026 年智能算力规模将进入每秒十万亿亿次浮点计算（ZFLOPS）级别，达到 1271.4 EFLOPS。

1.5 人工智能的核心算法与技术

人工智能早已不再是科幻小说中的概念，而是实实在在地影响着我们的生活。人工智能的核心技术，正在不断推动着这一领域的进步。它们是如何工作的，又是如何改变我们这个世界的？

1.5.1 机器学习

机器学习（Machine Learning，ML）是人工智能的核心，是赋予计算机智能的关键。它研究如何让计算机模拟或实现人类的学习行为，以获取新的知识或技能，实现自我提升。机器学习分为监督学习、无监督学习和半监督学习等。

监督学习就像在老师指导下学习，依靠已标记数据集，用特定方法构建模型，实现对新数据的精准标记。利用带标签的数据训练模型（如分类、回归），常用算法包括线性回归、支持向量机（SVM）、决策树等。比如网购时的“猜你喜欢”推荐，就是它在分析你的浏览记录。

无监督学习则不同，它设定一个评价标准，然后在无人监督的情况下用这套标准来学习。处理无标签数据，用于聚类（如 K-means）、降维（如 PCA）、异常检测等。由于不依赖训练样本和人工标注数据，它在压缩数据存储空间、降低计算量、提升算法运行速度等方面有显著优势，还能避免因正、负样本偏移导致的分类错误。

半监督学习结合了监督学习和无监督学习的优点，利用大量未标记数据和少量标记数据进行模式识别。这种学习方式既减少了对人力的依赖，又能保证较高的准确性，因此越来越多的研究者和从业者倾向于选择半监督学习。

强化学习：强化学习是机器学习的一个重要分支，它通过智能体与环境之间的交互来学习如何采取行动以最大化累积奖励。与监督学习不同，强化学习不依赖于标记数据，而是通过试错过程不断调整策略，与环境交互学习最终学会最优策略。强化学习特别适用于解决不确定环境中的顺序决策问题，如 AlphaGo、机器人控制、汽车自动驾驶等。

1.5.2　深度学习

深度学习（Deep Learning，DL）特指基于深层神经网络模型和方法的机器学习。它是在统计机器学习、人工神经网络等算法模型基础上，结合当代大数据和大算力的发展而发展出来的。

深层神经网络是深度学习能够自动提取特征的模型基础，深层神经网络本质上是一系列非线性变换的嵌套。神经网络：基础结构包括输入层、隐藏层、输出层。卷积神经网络：用于图像识别、视频分析，如 ResNet、YOLO。循环神经网络：处理序列数据，如时间序列预测；改进模型，如 LSTM、GRU。Transformer：基于自注意力机制，主导自然语言处理，如 BERT、GPT 系列。生成对抗网络：生成逼真数据（图像、音频），如 StyleGAN、CycleGAN。扩散模型：通过逐步去噪生成高质量内容，如 Stable Diffusion、DALL-E。

1.5.3 优化算法

优化算法是深度学习中的关键组成部分，用于调整神经网络的权重和偏置，以最小化损失函数的值，用于模型参数调优。梯度下降法，通过计算损失函数对参数的梯度，按照梯度下降的方向更新参数。遗传算法，模拟达尔文生物进化论的自然选择和遗传学机理的生物进化过程的计算模型，是一种通过模拟自然进化过程搜索最优解的方法。粒子群优化算法，是一种基于群体智能的优化算法，源于对鸟群捕食行为的研究。其核心思想是通过粒子间的信息共享，使整个粒子群在解空间中演化，以寻找全局最优解。

1.6 人工智能应用领域技术

1.6.1 自然语言处理

自然语言处理是一门融语言学、计算机科学、人工智能于一体的科学，旨在让机器像人类一样理解自然语言，并做出恰当、合理的回应。简单来说，就是让机器听懂人类的言外之意。

自然语言处理与语音识别虽存在一定关联，但却有着本质区别。语音识别主要把声音信号转成文字，不涉及语义理解，重点在于音频处理和转换。而自然语言处理不仅要精准理解语言的深层含义，还要基于理解生成自然、流畅、贴合语境的回应，技术难度远超语音识别。自然语言处理技术主要包括词嵌入（如 Word2Vec、GloVe）、文本分类、机器翻译（如 Transformer）、情感分析、问答系统（如 ChatGPT）等。使用预训练大模型，基于海量数据训练的通用模型（如 PaLM、LLaMA）。

从涵盖范围来看，自然语言处理也比语音识别更广泛。语音识别只是解决了“听见”的问题，即把语音转化为可读的文字形式。自然语言处理则要求机器能够“听得懂”，深入理解语言背后的含义、情感与逻辑，并且能够“给予自然回应”。也就是说，看到“苏轼在赤壁喝酒”，就能自动关联“大江东去浪淘尽”。

1.6.2 计算机视觉

计算机视觉，是一门让计算机模拟人类视觉系统的前沿科学。它致力于赋予计算机类似人类的视觉能力，让其能够从图像和视频中精准地提取、处理、理解和分析各种信息。计算机视觉应用于多个领域，主要有目标检测（Faster R-CNN）、图像分割（Mask R-CNN）、人脸识别、动作识别、三维重建（NeRF）等。

当下，众多新技术都离不开计算机视觉技术的支撑。当汽车自动驾驶时，计算机视觉技术如同汽车的“眼睛”，能够实时识别道路状况、交通标志、车辆与行人等信息；当机器人工作时，计算机视觉赋予机器人“千里眼”和“顺风耳”，助力机器人精准感知周围环境，实现自主操作；在智能医疗领域，计算机视觉技术可用于医学影像分析，辅助医生快速、准确地诊断疾病。

1.6.3 人机交互

人机交互是人工智能领域的重要外围技术，主要研究人与计算机之间的信息交换过程。这个过程包含两个关键方向，即人到计算机的信息传递以及计算机到人的信息反馈。

传统的人机交互模式很大程度上依赖各种交互设备。输入设备如键盘、鼠标、操纵杆、位置跟踪器等，负责将人类的操作指令和数据输入计算机系统；输出设备如打印机、绘图仪、显示器、音箱等，则将计算机处理的结果反馈给人类。

随着科技的飞速发展，我们与机器的交流方式，正从“说机器语言”变成“让机器懂人话”。语音交互让人们可以通过说话与计算机交流，如智能语音助手；体感交互借助身体动作实现人机互动，在虚拟现实游戏中被广泛应用；脑机交互更是直接通过大脑信号与计算机进行信息传输。

从键盘鼠标到语音手势，我们与机器的互动越来越像和人交流。

1.6.4 生物特征识别

早晨刷脸解锁手机，上班用指纹打卡，中午扫掌纹在便利店支付……这些都属于生物识别技术，也就是通过人类生物特征来进行身份认证。

人类的生物特征，比如指纹、掌纹、人脸、虹膜、声纹、步态等，通常具有可测量、可自动识别验证，以及遗传性或终生不变等特点。这些生物特征就像一张无形智能身份证，能证明“我就是我”。目前生物特征识别作为重要的智能化身份认证技术，在金融、公共安全、教育、交通等领域得到广泛的应用。生物识别技术既方便又安全——不用记复杂密码，你的脸、声音或走路姿势就是独一无二的钥匙。

1.6.5 更多的应用

人工智能技术正在渗透到更多的应用领域，为我们的工作和生活带来极大的便利。语音技术：语音识别（ASR，如 Whisper）、语音合成（TTS，如 WaveNet）、声纹识别。机器人技术：运动控制（如波士顿动力机器人）、SLAM（同步定位与建图）、人机协作等。推荐系统：协同过滤、基于内容的推荐、深度学习推荐模型（如 YouTube 的深度神经网络）。知识图谱：结构化知识表示与推理（如 Google Knowledge Graph）。

第 2 章

AI 工具大搜罗：零门槛也能玩转的神器

2.1 选对工具：轻松搞定工作的三大原则

用对工具、用好工具。我们为你归纳了三大选择原则，可以帮助你在纷繁复杂的 AI 应用中，迅速找到那些最合适的解决方案来适配你的应用场景。

2.1.1 原则一：更加便捷的使用

在线即可使用的 AI 工具正在重塑现代工作流的时空边界，将专业能力转化为可随时随地调用的“数字瑞士军刀”。这种不需要安装、秒级响应的特性，彻底摆脱了过往必须返回办公室处理事务的空间禁锢：业务经理在与客户谈判过程中用手机浏览器打开 AI 分析合同，5 秒内完成协议的风险筛查；财务团队在临时视频会议中同步调用 AI 生成报表，不同城市的成员能即时协作调整年终决算数据，营销团队在客户会议上直接使用在线 AI 生成竞品分析图，这些“无感嵌入”的 AI 服务正在重新定义效率的本质——不是单一环节的加速，而是在每个任务触点上自然而然地消除协作摩擦，使工作协同如溪水般持续流动。

2.1.2 原则二：更加友好的交流

国产 AI 技术在优化中文语境交互体验上展现出鲜明的地域适应性，让语言技术与文化基因实现了深度融合。针对中文的多音字、方言及语序特点，AI 模型通过海量本土语料训练建立了独特的理解优势：智能客服能分辨“番茄炒蛋”与“西红柿鸡蛋”的南北表述差异，语音助手可识别四川话、广东话等方言的语义内核，古诗词生成系统能捕捉“江枫渔火”背后的意境留白。这种对本土语言的解构能力，源于对中文文化脉络的系统梳理。当我们在电子书中触摸活字印刷般的中文排版美学，在社交媒体看到AI智能匹配的国风表情包，在海外旅游中借助即时文言互译破除交流障碍，这些润物细无声的创新正悄然重塑着中文数字生态，让方块字在智能时代焕发出更具共鸣的生命力。

2.1.3 原则三：更加安全的保障

国产AI工具在数据安全的领域为我们建立起了一套多维的防护体系，既能方便我们使用数据，又能给我们的隐私提供一个很坚固的保护屏障。首先，采用本地化的部署模式，把数据处理锁定在我们可以掌控的环境中，比如说商场里的智能摄像头数据分析在机房里直接完成，这样就避免了在互联网上进行不必要的数据传输。其次，隐私计算技术就像是为我们筑起了一道无形的护盾，如医疗机构之间可以合作训练疾病预测模型而不需要共享患者的原始数据。经过对比发现，使用合规的工具，数据泄露的风险能降低96%（国家信息技术安全研究中心2023年报告）。

2.2 主流中文AI工具：总有一款适合你

随着人工智能技术的飞速发展，中文AI工具在实际应用中也逐渐变得多样化，它们根据不同的功能和应用场景，大致可以分为几大类。这些类别包括：智能写作与文档处理类、数据分析与数据治理类、语音交互与会议记录类、创意设计与影像生成类，还有知识管理与智能检索类。接下来，我们就结合一些具体的工具示例，一起来详细了解这些主流的中文 AI 工具。

2.2.1 智能写作与文档处理类

（1）DeepSeek——工作者的全能决策官

DeepSeek 作为我国自主研发的大模型中的杰出代表，在中文语义理解和工作场景的适配上表现得非常出色。它采用了最先进的深度学习技术，经过大量数据的训练，真正做到了精确地把握中文里那些细腻的语义和语言背后的逻辑。在实际工作中，DeepSeek 的应用也非常广泛，比如在智能客服系统中，它能够快速回复客户的咨询，提供及时又准确的答案，为人工客服减轻了不少负担。此外，它还可以进行深层次的研究，通过分析和解读大量的文件，给决策者提供宝贵的参考信息，帮助他们做出科学的决策。在处理那些涉及多个部门交叉的复杂问题时，DeepSeek 还能够理清脉络，为你提供明确的参考依据。

（2）豆包——生活中的万能百宝箱

豆包因为能在各种场合使用而且操作简单，受到了很多人的喜爱。它完全不需要下载任何客户端，只要在网页上登录就可以使用，这正好符合大众对即开即用的需求。文章润色和会议纪要是豆包的强项。比如会议一结束，你只需把会议录音上传到豆包，它就能迅速帮你生成准确的会议纪要，还能提炼出那些关键信息和待办事项，让后续的工作跟进变得非常方便。同样，豆包在日常工作中也能派上用场，比如写工作报告、制作项目方案等，它能够根据你输入的关键词和要点，快速生成逻辑清晰、语言流畅的文档初稿，为你节省大量时间和精力。此外，豆包还能帮你做智能排版，根据文档内容自动调整格式，这样一来，文档看起来就更加专业和规范了。

（3）文心一言——百度的中文全才

文心一言因其全面的功能，也是我们日常工作的得力帮手。它在处理公文、进行数据分析以及智能问答等方面都表现得十分亮眼，可以说是应有尽有，完全能够满足工作者在不同工作场景的各种需求。尤其是它强大的语义理解能力，能够准确地把握用户的意图，轻松生成满足大家要求的内容。比如，当需要撰写内容解读时，文心一言能根据原文和背景信息，生成那些深入浅出、简单易懂的解读内容，帮助大家轻松理解文章或书目。另外，它在智能写作方面也十分优秀，只需要为它提供主题和要点，就能快速生成高质量的文稿，省时省力。它还具备智能校对的功能，可以细致地检查文稿中的语法错误和错别字，确保我们的文稿质量过关。而在数据分析上，它也发挥得相当出色，能够把数据转变为直观的图表和报告，帮助大家更好地理解和分析数据。

（4）秘塔写作猫——职场人的救命编辑器

秘塔写作猫是一款非常棒的文档润色工具，可以让你的文档焕然一新。它不仅功能强大，能够对文档进行深度的优化和润色，还能够检查语法错误、错别字，以及那些让人抓狂的语句不通的问题。它会给你提供一个个贴心的修改建议，让你的文档变得更清晰、更易读。无论你是在编写文学作品、学术论文，还是制作商务报告，使用秘塔写作猫能确保你的语言表达既准确又规范，流畅自然，而且，它还能根据不同的风格和用途，帮你优化语言表达，提升文档的质量和可读性，适合各种需要高质量文档的场合。秘塔写作猫还可以根据你的需求，将文档转换成不同的风格，例如正式、简洁或活泼，让你的文档在不同场合都能闪闪发光。

2.2.2　数据分析与数据治理类

（1）通义千问——商业场景的 AI 大脑

通义千问专注于数据分析领域，可以轻松应对那些庞大的数据集，迅速挖掘出最关键的信息，从多个维度对数据进行分析，生成各种统计图表和分析报告，为决策者提供有力的支持，非常适合用于财政预算管理、绩效评估、市场调研等各类数据分析工作。比如当我们在进行财政预算分析时，通义千问能够对海量的财务数据进行深入分析，生成详细的预算执行情况报告，涵盖预算执行进度、偏差分析等内容，帮助你及时发现潜在的问题并采取应对措施。同时，它还可以依据历史数据和趋势，预测未来数据的变化，让你提前做好规划和准备。

（2）Kimi——长文本处理的 AI 卷王

Kimi 可以高效的处理大量文本。它不仅能整理各种信息，还有着超强的分析和总结能力，快速从烦琐的内容中找出重点，为你节省不少时间。当你面对一份冗长的调研报告时，Kimi 就像一位贴心的伙伴，迅速帮你抓住关键信息、结论和建议，让你轻松掌握整个报告的精髓，适用于报告研究、项目策划撰写、学术论文阅读等各种需要处理长文本的场合。Kimi 还可以理清文本的结构，提炼出重要的信息，为你生成摘要和报告。而且，它还能进行文本对比，仔细检查不同文章之间的相似度，帮你避免抄袭和重复劳动的问题。

（3）讯飞星火——跨语种的沟通天花板

讯飞星火作为一个具备先进语音识别和合成技术的语音交互平台，可以让你进行既高效又便捷的语音交流。它的语音识别准确率高，能够迅速把你的声音转换成文字，这样一来，你记录和处理的工作就轻松多了。讯飞星火的语音合成技术也非常出色，能够把文字变成自然流畅的语音，比如在会议上，你可以利用讯飞星火进行语音记录，等到会后直接生成会议纪要，大大提升工作效率。讯飞星火适用于智能客服、语音助手，适合会议记录等需要语音交互的场景。此外，它还能进行语音问答，为你提供便捷的服务。在智能工作方面，讯飞星火就像一个语音助手，能帮你快速完成查询信息、发送邮件、安排日程等各种任务，十分便利。

（4）腾讯会议——打工人必备的 AI 会议室

腾讯会议是由腾讯推出的在线会议软件，它带来了强大的语音和视频互动功能，让你的沟通更加顺畅。无论是高清的语音通话，还是屏幕共享、会议录制，腾讯会议都能轻松搞定。它能将会议中的讲话实时转换成文字，方便大家记录和回顾会议内容，更快地获取重要信息。例如在需要远程工作的场合，腾讯会议可以有效地促进团队成员之间的协作，让大家在会议中提升效率，不错过任何一个关键点。

2.2.3 创意设计与影像生成类

（1）即梦 AI——全民艺术的创作引擎

即梦 AI 是一款创意影像生成工具，专门为那些需要高质量影像的人们量身打造。它有着超强的图像生成和编辑能力，能迅速为你创造出各种出色的图片、视频内容，操作起来也十分简单，只需要你输入一些关键词和需求，立刻就能生成你想要的影像内容，特别适合需要进行宣传策划、文化教育、创意设计等活动的工作人员，满足不同场合的宣传和展示需要。另外，即梦 AI 还支持影像编辑，能够对生成的作品进行进一步的修改和完善，确保每一件作品都能达到最佳效果。

（2）剪映——短视频界的核弹编辑器

剪映是由字节跳动推出的智能视频编辑工具，它拥有强大的剪辑功能，能导入和编辑各种格式的视频，并且提供了丰富的剪辑工具和特效模板，不管你是小白还是老手，都能轻松上手。例如你想制作一段宣传视频，在剪映中你可以添加各种特效、字幕和音乐，让你的视频更加有吸引力，提升传播效果。在教育培训方面，剪映可以让你更轻松地制作教学视频，更好地展示课程内容。剪映还有团队协作的功能，多个用户可以一起对视频进行编辑和修改，提升团队工作效率。

2.2.4　知识管理与智能检索类

（1）腾讯 IMA——知识的智能宝库

腾讯推出的 IMA 智能工作台，基于腾讯的混元大模型技术开发，功能十分强大，如资料收集和解读、AI 问答互动、内容创作等应有尽有。它能够进行全网搜索，也能够上传本地文件，还可以进行智能问答和个性化知识库管理，更高效地管理你的知识资源。腾讯 IMA 的知识库可以把不同渠道的信息整合在一起，随时保存、整理、积累和使用那些零散的知识。例如，当你在准备工作报告时，只需要通过腾讯 IMA，就能迅速找到相关的工作文件和会议纪要，为你的报告撰写提供参考。同时，它还能对收集到的信息进行智能分析和总结，帮助我们更好地理解和利用知识资源。

（2）有道云笔记——大脑的外挂硬盘

有道云笔记是一款智能笔记应用，可以帮你轻松记录和管理各种信息。它支持的内容形式丰富，包括文字、图片、手写、语音等，适合你在不同场合下使用。它的搜索功能也特别强大，你可以通过关键词、标签或者笔记内容来快速找到想要的笔记。比如，学习的时候，你可以把课堂笔记和读书笔记都记录在有道云笔记上，并用标签和分类进行整理，方便随时复习。另外，它也支持笔记共享和协作，你可以把笔记分享给朋友们，一起记录和管理。而且，它还支持跨平台同步功能，你可以随时在手机、电脑、平板等多种设备上访问你的笔记内容。

2.3 垂直领域 AI 工具：AI宝藏专家

你知道吗？除了以上这些“全能助手”，AI 还正在悄无声息地融入我们生活的方方面面。从清晨醒来手机上精准推送的天气和新闻，到购物时电商平台推荐的心仪好物，AI 的身影无处不在。在这些日常应用背后，还有一群更为强大的“幕后英雄”—— 专业领域大模型。它们就如同各个行业的超级大脑，深入金融、医疗、法律等专业领域，凭借超强的学习和分析能力，解决复杂难题，为行业发展注入前所未有的动力，接下来，就让我们认识一下一些走在专业前沿的神奇科技。

2.3.1 瀚海智语——海洋领域的超级助手

如果你是一位与海洋打交道的从业者，无论是科研人员、渔民、工程师还是环保者，瀚海智语将成为你最得力的“智能伙伴”。它像一本全天候在线的海洋百科全书，由成千上万部专业书籍和期刊文献“训练”而成，能瞬间解答专业问题、生成报告，甚至预测海洋变化趋势。无论多冷门的海洋知识，它都能像专家一样与你深度对话。它还能帮助你分析潮汐、洋流等数据，化身“未来之眼”预警生态灾害、规划最佳航线。渔民能用它锁定高产的“黄金渔场”，工程师能靠它避开海上工程风险，环保者能借助它追踪污染，就像拥有“生态雷达”。无论是守护碧海蓝天，还是探索深海奥秘，瀚海智语都可以用 AI 的力量，让每一个海洋人更专业、更高效地迎接挑战。

2.3.2 观心——心脏的专属顾问

如果你是一位心血管疾病患者或医生，不再需要独自面对复杂的心跳异常与疾病迷雾——观心大模型，国内首个心血管专科医疗 AI，就像一位 24 小时在线的顶尖心内科专家。它不仅能看懂心电图、超声影像，还能结合百万份真实病例与诊疗逻辑，为你提供专业的诊断建议。它可以 3 秒“听懂”患者主诉，自动生成规范病历，比手动记录快 10 倍。面对复杂检查报告，它秒答诊断思路，还能用大白话向患者解释病因和治疗方案，并及时发现焦虑情绪，给予疏导建议，帮患者从“心”康复。它不是冷冰冰的机器，而是用 AI 给心血管诊疗注入温度与效率的革命者。无论是医生需要更精准地挽救生命，还是患者期待更安心地对抗疾病，观心都将成为医疗新时代的智能守护者，因为健康的心跳，值得被科技温柔以待。

2.3.3 法信法律基座——亲切的掌上律师

面对生活中可能遇到的纠纷或疑问，法律条文的复杂性和专业性常常让人望而却步。这时，“法信法律基座大模型”这个基于海量法律条文、司法解释和真实案例打造的法律智能工具，就像一位随时待命的专业律师，用科技的力量让法律知识触手可及。你只需要用简单的语言描述问题，比如“网购遇到假货怎么维权？”或“租房合同需要注意哪些条款？”它就能快速检索相关法律法规，提供贴近实际的解答，甚至分析类似案例的判决结果。无论是法律从业者需要高效查询条文，还是普通百姓想了解自身权益，它都能化繁为简，成为法律服务的“智能导航”。随着技术和法律数据的迭代，它或许会成为每个人身边的“法律防火墙”，用科技推动法律服务的普惠化。

第 3 章

AI 赋能工作：效率翻倍的实战秘籍

AI 技术正给我们的工作场景带来翻天覆地的变化。过去我们只能通过键盘敲字的电脑，如今已经变成了能听会看的智能助手——你对着它说话就能生成会议纪要，用手写笔在屏幕上画个流程图，转眼就能变成标准文档。它还能记住三个月前那次项目会议的细节。当你准备季度报告时，它可以提醒你："上次会议上市场部提到成本可能上涨 5%，需要更新预算吗？"还能把今年数据和去年对比，标出可能有风险的红色区域，就像有个 24 小时在线的数据分析师在帮你把关。

在专业领域，AI 也变得越来越靠谱。就像医院里的 AI 助手，不仅能听懂医生说的专业术语，还能自动把"肺部有磨玻璃影"这样的诊断自动转成规范病历。法务部门的 AI 就像带了个老律师当师傅，能准确识别合同里的风险条款，连"若甲方延迟付款超过 30 日"这种藏在小字里的陷阱都能揪出来。

在这场效率变革里，会用 AI 工具的人能把工作完成得又快又好，在职场上更容易出人头地，重新定义职场竞争力。

3.1 文案生成与润色：AI 帮你写出"爆款文案"

3.1.1 文案生成

当你需要编写一份"产品促销方案"时，你只需把相应的关键词输入进去，工具就能给你输出一份完整的策划案。这样一来，就大大节省了你从零开始构思和撰写的时间，让你的工作效率得到显著提升。同时，在报告撰写方面，AI 工具也能凭借它强大的数据处理和文本生成能力，快速地生成结构清晰、内容翔实的报告初稿，为后续的修改和完善提供了良好的基础。

再来说说营销文案的创作，离不开 AI 应用工具的助力。在如今竞争激烈的市场环境中，一份吸引人的营销文案是至关重要的。AI 工具能够根据产品的特点、目标受众以及营销目标，为你生成富有创意和吸引力的营销文案。无论是社交媒体推广文案、产品宣传文案还是广告文案，它都能提供多种风格的选择，满足不同营销场景的需求。在邮件写作方面，AI 应用也能提供有效的支持。它可以根据邮件的主题和目的，生成合适的邮件内容，包括邮件的开头、正文和结尾。同时，它还能帮助你调整邮件的语气，使其更加符合邮件的正式程度和沟通对象，从而提高邮件的沟通效果。

3.1.2 文案润色

除了自动生成初稿之外，中文 AI 应用工具还可以为你的文章进行润色。你可以根据实际需求，选择专业的或者活泼的风格。例如，在撰写商务公文时，你可以选择正式的语气，这样就能让文案更加严谨；而在撰写社交媒体文案或者内部沟通邮件时，你可以选择轻松幽默的语气，这样就能让文案更加亲切、生动。通过智能润色，AI 能够帮助你更好地传达信息，提高文案的可读性和感染力。在优化逻辑方面，中文 AI 能够对文案进行自动调整。它能够找到文案中的逻辑问题，比如段落顺序不合理、内容衔接不自然等，并提出相应的修改建议，使你的文案更加条理清晰、层次分明，进而提高文案的质量和说服力。此外，它还能纠正文案中的错别字，提高文案的准确性和专业性，避免因为错别字而给读者留下不好的印象。

值得一提的是，它还能够根据你的需求，提供不同风格的备选文案。例如，在撰写营销文案时，AI 可以生成严谨型文案和故事型文案。严谨型文案注重数据和事实，以理性的语言向读者传达产品或服务的优势；故事型文案则通过讲述一个生动的故事，把产品或服务融入其中，以感性的语言吸引读者的注意力。你可以根据目标受众，选择最合适的文案风格。随着技术的不断发展和完善，AI 在文案创作领域将会发挥越来越重要的作用，为你带来更多的惊喜和价值。

3.1.3 文案生成与润色操作实例

应用场景： 公文、工作总结、营销文案、工作方案、邮件等

AI 能力（以腾讯元宝为例）：

- 根据关键词/大纲自动生成初稿。
- 智能润色：调整语气、优化逻辑结构、纠正错别字。
- 多版本生成：提供不同风格备选。

文案生成与润色工具： 腾讯元宝（网页端），可继续用 Kimi、豆包等 AI 工具再次润色（图 3-1、表 3-1）。

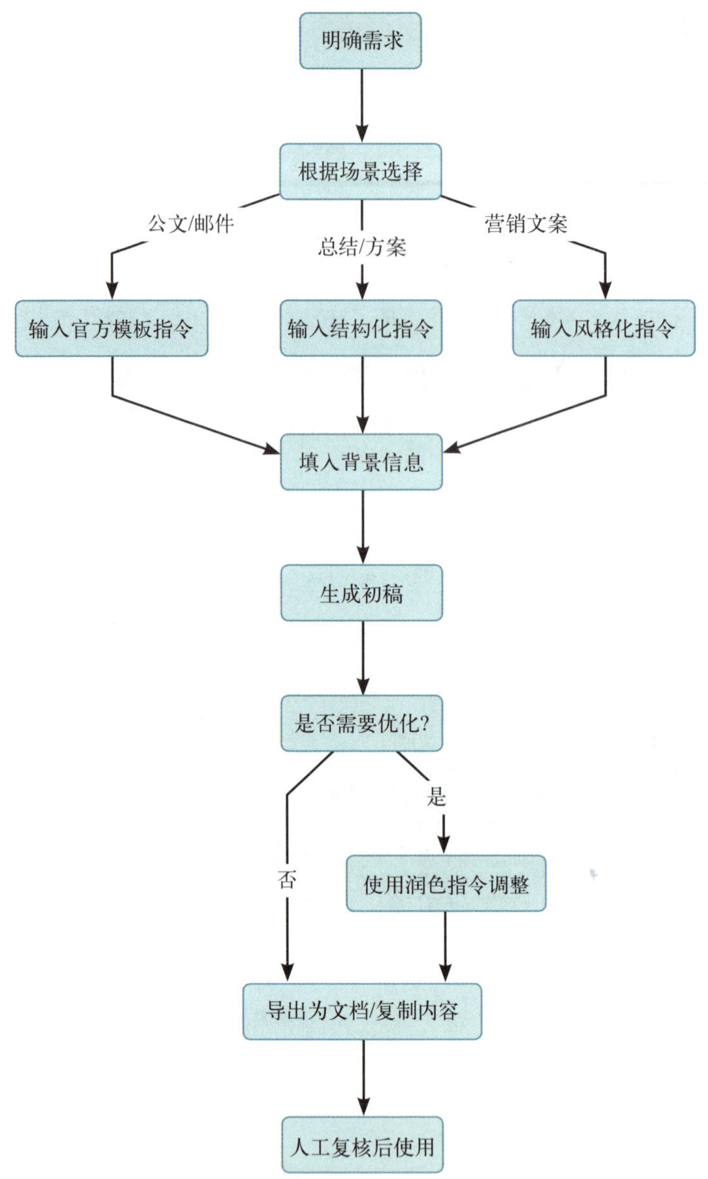

图3-1　文案生成与润色通用操作流程

表 3-1　常用文档生成指令模板

	指令模板	示例
公文（通知）	请生成一份[通知类型]公文，要求： ①符合《党政机关公文格式》标准 ②包含[发文机关、主送单位、具体事项] ③使用[严肃/紧急]语气 背景信息：[插入具体背景]	请生成一份行政通知公文，要求： ①符合《党政机关公文格式》 ②包含市教育局、各区属学校、延期至2月28日等要素 ③使用紧急语气 背景信息：因暴雪天气影响，原定2月20日开学延期
工作总结	请生成[季度/年度]工作总结，要求： ①按“成绩－不足－计划”三段式结构 ②包含[关键数据1][重点项目2] ③突出[团队协作/技术创新]亮点 背景信息：[插入工作概况]	请生成第四季度工作总结，要求： ①三段式结构 ②包含GMV580万、双11大促 ③突出直播带货创新 背景信息：完成3场明星直播，新增会员2.1万
营销文案	请创作[产品类型]推广文案，要求： ①包含[核心卖点1][技术参数2] ②使用[小红书/朋友圈]风格 ③添加3个相关emoji和行动号召 背景信息：[插入产品信息]	请创作护肤品推广文案，要求： ①含5D玻尿酸、SPRINGTECH技术 ②使用小红书风格 ③加♡🔥☆表情和购买引导 背景信息：单片售价9.9元，买10赠3

续表

	指令模板	示例
工作方案	请制定[项目名称]工作方案，要求： ①包含“目标－分工－时间表－预算” ②使用甘特图标注关键节点 ③列出3项风险评估及对策 背景信息：[插入项目概况]	请制定垃圾分类推广方案，要求： ①包含四要素结构 ②标注6月前完成试点 ③风险评估含居民抵触 背景信息：覆盖5个小区，预算经费8万元
邮件	请撰写致[客户名称]的邮件，要求： ①主题明确含[合作/邀约]关键词 ②正文包括“问候－事由－建议－跟进” ③附件提醒及落款信息 背景信息：[插入合作事项]	请撰写致王总的邀请邮件，要求： ①主题含“智能家居新品发布” ②说明3月15日北京会场 ③提醒携带邀请函 背景信息：提供专车接送，有产品体验区

当你使用AI投身创作时，如何科学地构建交互指令以及优化输出质量，这是提升创作效率的关键所在。在此，为你推荐一个“任务属性＋结构范式＋风格调性＋核心要素”的四维框架，用它来构建指令，能让AI更精准地理解你的需求。所谓任务属性，就是要明确你要创作的文体类型，比如是写一篇报告、一篇宣传文案还是其他；结构范式，就是指定内容的组织形式，像按照总分总，还是并列的结构来展开；风格调性需要契合你的表达需求，是正

式严肃，还是轻松活泼；核心要素则是要突出关键要点，让内容重点一目了然。

在实际操作过程中，你可以建立一个“模板库”。把那些使用频率比较高的指令分类存储到 AI 工具里，这样就能反复使用，帮你节省大量生成基础内容的时间。另外，你可以定期更新模型，并且优先处理复杂任务，因为新版模型对专业术语的识别准确率会有所提高。

要是你需要创作大量内容，采用分阶段的创作法会很有效。你可以先生成大纲框架，明确各个部分的逻辑关系，接着分别填充内容，把细节细化，最后统一调整语言风格和格式规范，这样能让内容的完整度和逻辑性都得到很好的优化。如果你对输出内容的文笔风格不太满意，想要调整，不妨试试其他 AI 应用，比如 Kimi、豆包等，利用它们的相关写作功能进行再次润色。

另外，不同的文体在合规要求和传播规律上存在差异，所以你需要制定针对性的管理策略。比如说，当你生成合同等内容后，需要手动补充一些特定的标识和编号，你可以使用模板快速套用格式；再如营销文案的开头和结尾段落，你需要人工优化一下，这样能加强用户的代入感；还有决策文件，你就要开启 AI 的深度推理模式，并且不断验证关键数据源，以此确保逻辑的合理性。AI 作为一个协作工具，它的目的就是让你从烦琐的基础工作中解脱出来，释放更多思维精力去进行更有创意的工作。

3.2　智能文档处理：告别烦琐，AI 来搞定

3.2.1　彻底改变的文件处理

当你身处各类会议场景中，AI 展现出非凡的实力。在会议进行时，它的语音转文字功能就像一位精准的速记员，帮你把与会者说的每一句话实时变成文字记录。随后对这些文字进行深度分析，快速提炼出关键要点，并以醒目的重点标记呈现在会议纪要里。这样一来，你就不用在会后花大量时间整理纪要了，还能精准把握会议的核心内容，避免信息偏差。再比如说，在一场新品研发会议上，不同部门的人提出的设计思路、技术难题、市场预期等关键信息，都能被 AI 实时捕捉并整理，为项目的推进指明清晰的方向。

在日常制作公文的时候，诸如制作 PPT 时，你只需输入文本内容和大致的设计要求，AI 就能自动排版，把文字、图片、图表等元素合理地布局，瞬间生成专业又美观的 PPT 页面，省去了烦琐的手动排版过程。处理 Excel 表格时，它可以自动填充公式，让数据处理变得轻松多了。除此之外，翻译功能也能打破语言的壁垒。现在全球商务合作越来越紧密，文档里的多语言内容翻译不再是难题了。AI 翻译能够实时准确地把中文文档翻译成其他语言，或者把外语资料翻译成中文。

要是遇到多个文档需要整合的情况，AI 就更能凸显优势了。它可以迅速把不同来源、不同格式的多个文档整理在一起，不管是文字报告、数据表格还是图片资料，都能被统一起来。而后为你梳理出各文档之间的关联内容，把分散的信息变成一个完整、清晰的整体。

比如，当你在做一个大型市场调研项目时，涉及消费者调研、竞品分析、销售数据等多个文件，利用 AI 的整合能力，你就能快速把这些文档的相关内容结合起来，为市场策略的制定提供全面精准的依据。

这些 AI 在文档处理方面的强大能力，正在持续推动各行业工作模式的变革。它们让文档处理工作变得轻松高效，让你能够把更多的时间和精力放在核心业务的创新与发展上，为你的日常工作注入强大的动力。

3.2.2 智能文档生成操作实例

场景：会议纪要、PPT 生成、多文档内容整合

AI 能力（以飞书妙记、DeepSeek、Kimi、腾讯元宝组合使用为例）：

- 语音转文字+语义摘要：实时生成带重点标记的会议纪要。
- 文档自动化：自动排版PPT/Word、填充Excel公式、翻译等。
- 多文档内容整合：快速整合多个文档，梳理关联内容，提炼要点文字。

会议纪要生成工具：飞书妙记 + Kimi（网页端）（图 3-2、表 3-2）。

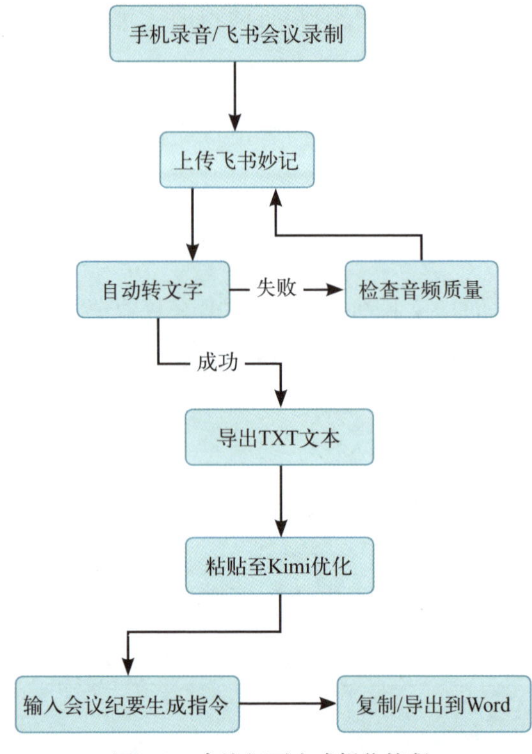

图3-2　会议纪要生成操作流程

表 3-2　会议纪要生成指令模板

指令模板	示例
飞书妙记：上传录音后选择「区分发言人 + 中英字幕」 Kimi 指令：请将以下会议记录按「议题 - 决策 - 待办」结构整理，要求： ①标红未达成共识的争议点 ②用表格展示任务分配 ③生成思维导图代码	录音文件：20250225_ 产品评审会 .mp3（时长 1.5 小时） 飞书妙记操作：拖拽文件至妙记网页版 → 等待转写 → 导出 TXT 文件 Kimi 输入：[粘贴文本] 请按部门分类讨论内容，用不同颜色标注修改建议，输出可导入 Xmind 的代码

PPT 生成工具：DeepSeek + Kimi（网页端）（图 3-3、表 3-3）。

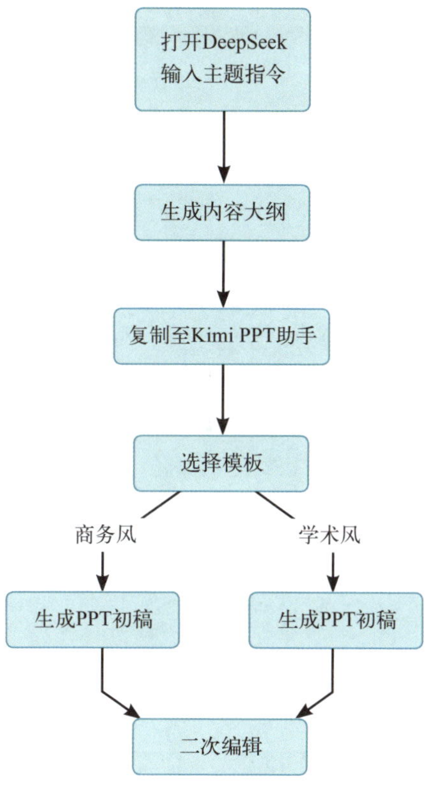

图3-3 PPT生成操作流程

表 3-3 PPT 生成指令模板

指令模板	示例
DeepSeek 指令：作为 [行业分析师]，请用 [金字塔原理] 制作关于 [2025 新能源趋势] 的 PPT 大纲，要求： ①首页含 3 个核心论点 ②每页配数据可视化建议 ③标注重点数据来源	DeepSeek 输入： PPT 生成智能驾驶产业链分析框架，对比中美技术差异，附特斯拉 / 蔚来案例

续表

指令模板	示例
Kimi 指令：将以下大纲转换为 [科技蓝] 主题 PPT，需： ①自动生成柱状图占位区 ②添加过渡页动画 ③输出可编辑 pptx 文件	Kimi 操作： 复制输出内容→打开 kimi.moonshot.cn/ppt→选择「产业链分析」模板→点击生成

多文档整合工具：腾讯元宝（网页端）（图 3-4、表 3-4）。

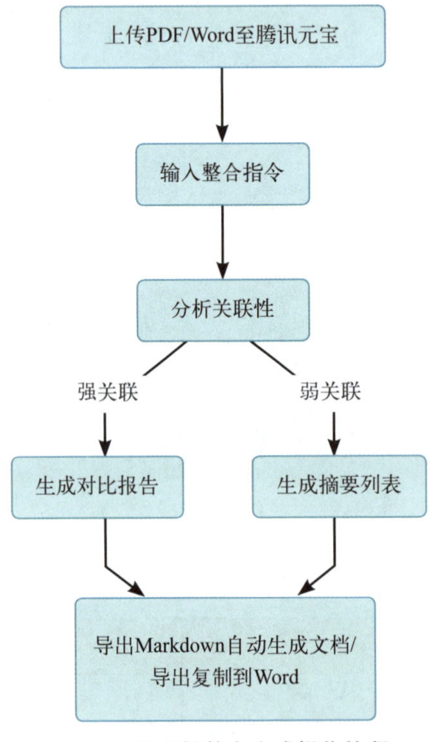

图3-4　多文档整合生成操作流程

表 3-4　多文档整合生成指令模板

指令模板	示例
请对比三份年报中的研发投入数据： ①提取各季度增长率 ②标注异常波动点 ③生成趋势对比图 附加要求： ①用红色标注负增长 ②自动换算美元单位 ③输出可复制表格	上传文件： ①华为 _2024Q3 财报 .pdf ②腾讯 _2024Q3 报告 .docx ③阿里 _ 投资者会议纪要 .txt 指令： 请提炼三家公司的云业务战略差异，用 SWOT 模型呈现，需： ①提取关键技术指标 ②标注原文件页码 ③生成雷达图代码

当你运用 AI 工具处理文档工作时，如果能掌握以下要点，工作效率就可以大幅提升。假设你有一份时长超过 2 小时的录音，就可以借助音频编辑工具对它进行分割处理，这样就能确保后续流程顺利进行，不会因文件过长而卡顿。当你利用 AI 生成 PPT 时，要是遇到排版混乱的问题，只需要添加“每页文字不超过 100 字”这样的约束条件，就能收获清晰美观的排版效果，让 PPT 更具专业性和观赏性。当你在整合多份文档之前，一定要统一文件名格式，比如采用“公司 _ 日期 _ 类型”这种方式命名。如此一来，可以很好地防止 AI 因文件名混乱而出现错误，保证文档整合工作准确无误地开展。

当你处理涉及敏感信息的文档时，可以开启腾讯元宝的“隐私保护模式”，这一操作能牢牢地保护你的信息安全，让敏感信息得到妥善处理。但是需要注意的是，对于所有 AI 产出的内容，必须人工复核关键数据，像财务数字、日期这类关键信息，更要仔细核对，要确保准确无误，避免因为数据错误而引发严重后果。

要是遇到网络不稳定的情况，可以优先使用 Kimi 的“离线模式”，这样就能保证文档处理工作不受网络状况影响，工作进度不会因此中断。此外，应该定期清理腾讯元宝的文件缓存，防止因存储空间不足而影响工具的正常使用，让工具始终保持良好的运行状态。

合理搭配运用这些 AI 工具,能显著提升文档处理的效率与质量。作为新手，你可以先在不重要的任务中对这些工具进行尝试，等熟悉各工具的特性和使用流程后，再将它们用在关键工作中。这样就能充分发挥 AI 工具组合的优势，让它在工作中发挥最大作用，为你的工作带来事半功倍的效果。

3.3　创意内容生成：AI 也能成为“创意大师”

3.3.1　创意非凡的视觉内容

就拿图片生成来说，当你有特定的设计需求时，只需要把需求提供给即梦 AI 这样的工具，它就能迅速生成设计稿。这将能帮你节省大量在构思初期耗费的时间与精力，同时还能为你提供丰富的灵感，指引创意方向。

在视频制作方面，AI 同样发挥着关键作用。例如剪映，根据你给定的主题就能自动生成分镜脚本或者短视频文案。如果你是一个缺乏专业编剧知识和制作经验的创作者，这就是个非常实用的功能。

它能帮你快速搭建视频的基本框架，明确每个镜头的内容与表现形式，让视频制作变得更高效、更简单。另外，自动剪辑功能也十分亮眼。有些 AI 工具能够对图片和文字进行智能分析与整合，实现视频的自动剪辑。这个功能不仅适用于个人创作者，在企业宣传、广告制作等领域也具有广泛的应用价值，能在短时间内产出大量高质量的视频。

数字人也是创意内容生成的重要方向。借助 AI 技术，你可以生成数字克隆体，也就是数字人。这些数字人应用场景广泛，比如虚拟主播、虚拟客服、虚拟偶像等。它们能按照预设程序和指令工作，不仅能 24 小时不间断地服务，还能依据不同的需求进行个性化定制，为你的生活和工作带来全新体验与更多可能性。

3.3.2 视觉内容生成操作实例

场景：图片创意生成、图片处理、短视频制作、数字人制作

AI 能力：

- 图片生成：输入需求生成设计稿（即梦AI类工具）。
- 短视频制作：根据主题自动生成短视频文案并完成剪辑（如剪映AI）。
- 数字人生成：生成数字克隆体。

图片创意生成工具：DeepSeek+ 即梦 AI（网页端）（图 3–5）。

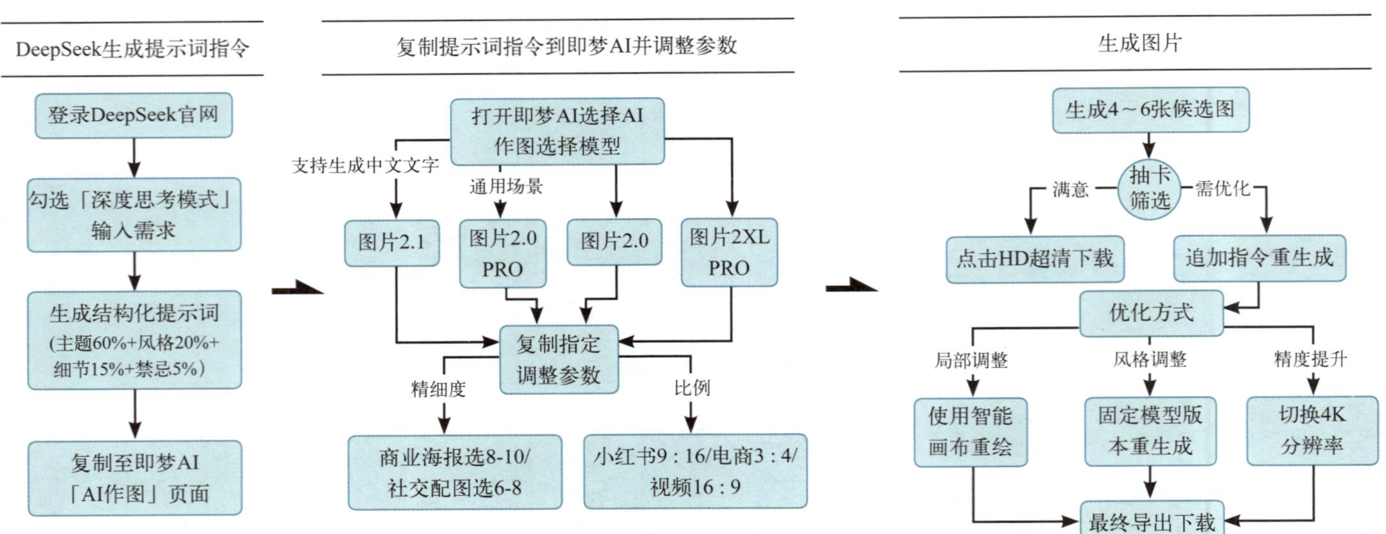

图3－5　图片创意生成操作流程

操作路径：DeepSeek 生成提示词→即梦 AI 生成图片→后期优化与排版（表 3–5）。

表 3–5　图片创意生成指令模板

指令模板	示例
你是一个专业 AI 绘画提示词工程师，我需要生成一张 [主题描述] 的图片，用于 [用途，如海报 / 小红书配图]。请根据以下结构生成提示词： ①主体：核心对象（如人物、场景） ②风格：艺术风格（如国潮风、赛博朋克） ③细节：材质、光影、动作等 ④构图：视角、比例（如 3 ∶ 4、16 ∶ 9） ⑤其他要求：分辨率、特殊效果请生成 5 组不同的提示词供我选择。	你是一个专业 AI 绘画提示词工程师，我需要生成一张五一劳动节主题海报，包含工人、农民、医护等职业形象，风格偏向国潮插画，需带标题“致敬劳动者”。请生成 5 组提示词。
登录即梦 AI 官网，进入“AI 作图”功能。 ①粘贴提示词：将 DeepSeek 生成的提示词复制到输入框。 ②调整参数： • 模型选择：优先选“图片 2.1”模型（支持中文文字生成）。 • 图片比例：根据需求选 3:4（竖版海报）或 16:9（横版）。 • 精细度：建议 8 ~ 10（数值越高细节越丰富）。 ③点击“生成”，等待出图（约 30 秒）。 ④优化建议： 若效果不满意，可追加细节指令（如“增加光影层次感”或“调整标题字体”）。 多生成几次（即梦 AI 每日赠送免费积分）对比选择。	①提示词：粘贴上述优化后的指令。 ②参数设置： • 模型“图片 2.1”。 • 比例 3 ∶ 4。 • 精细度 9。

完成示例图（图 3-6）。

图3-6　五一劳动节主题海报

图片处理工具：即梦 AI（网页端）（图 3-7）。

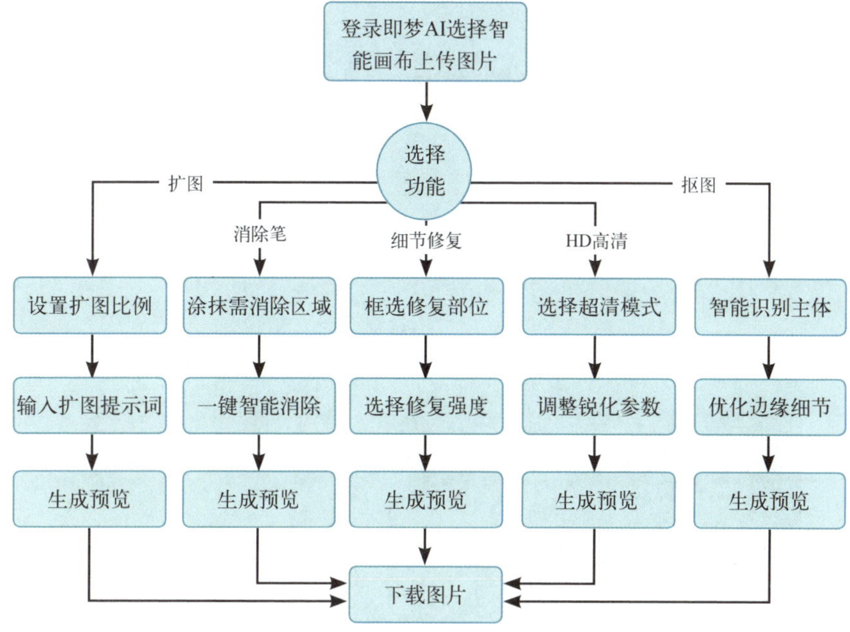

图3-7 图片处理操作流程

扩图操作路径：AI 作图→选择图片→点击「扩图」→选择比例→输入提示词→生成（表 3-6）。

表 3-6 扩图生成指令模板

指令模板	示例
扩展图片的 [左 / 右 / 上 / 下] 侧背景，新增 [雪山 / 森林 / 星空] 场景，保持原图 [主体 / 色调 / 风格] 一致性	扩展图片右侧背景为雪山场景，添加渐变蓝色天空，保持登山者主体清晰，整体风格写实

消除笔操作路径：图片详情页→消除笔→涂抹目标区域→智能填充→生成。

细节修复（优化局部）操作路径：图片详情页→细节修复→生成。

HD 高清（提升画质）操作路径：图片详情页→ HD 超清→生成。

智能抠图（主体分离）操作路径：AI 作图→导入图片→智能选择「主体」参考→手动优化边缘→生成。

综合应用实例（图 3-8 至图 3-13）。

图3-8　原图

图3-9　扩图
选择图像比例16:9，指令提示词：基于原图生成

图3-10　消除笔
消除天上的飞鸟

图3-11　细节修复
人物变得更加精致真实

图3-12　HD超清
放大后的对比，处理后明显更加清晰

图3-13 抠图

短视频制作生成工具：DeepSeek（网页端）+剪映（客户端）（图3-14）。

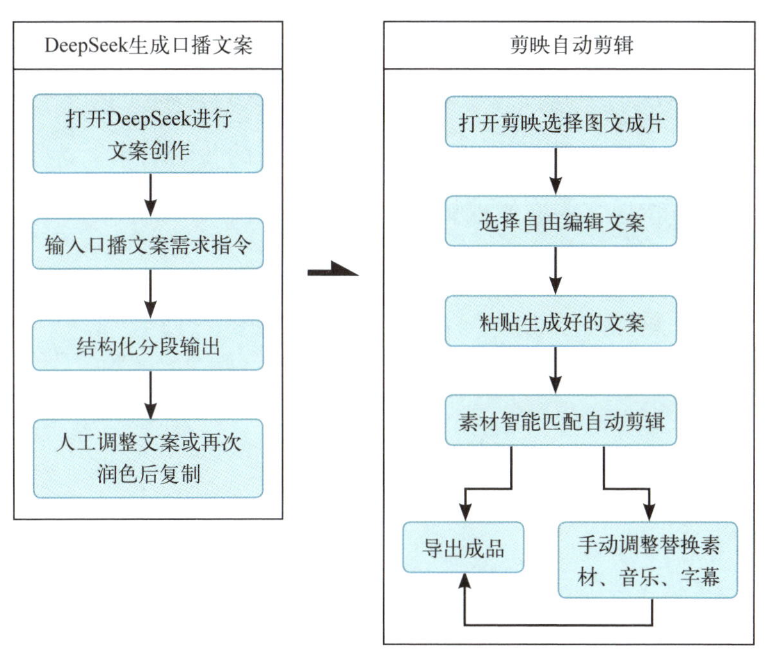

图3-14 短视频制作操作流程

操作路径：DeepSeek 生成短视频文案→剪映 APP →创作→图文成片→自由文案→粘贴 DeepSeek 文案→选择→点击生成视频→手动调整后导出（表 3-7）。

表 3-7　短视频生成指令模板

指令模板	示例
作为［身份］，需要创作［时长］口播文案，核心传达［关键信息］，要求： ①每句话控制在［字数］以内 ②每［时长］设置 1 个情绪转折点（根据文案应用场景设置不同风格）	作为校园主播，需要 60 秒艺术节口播文案，核心传达活动亮点与报名方式，要求： ①每句话≤ 20 字 ②每 15 秒设置悬念转折

特别提示：自动剪辑生成的短视频，由于其素材是通过系统自动匹配的，精准度往往难以达到理想状态。为了使你的作品更加完美，你可以在剪映的剪辑面板中进行素材的优化与替换。同时，你还可以进一步调整素材的顺序、时长，添加合适的转场效果、音乐和字幕等，全方位地完善你的视频作品。

数字人视频生成工具：剪映（客户端）（图 3-15）。

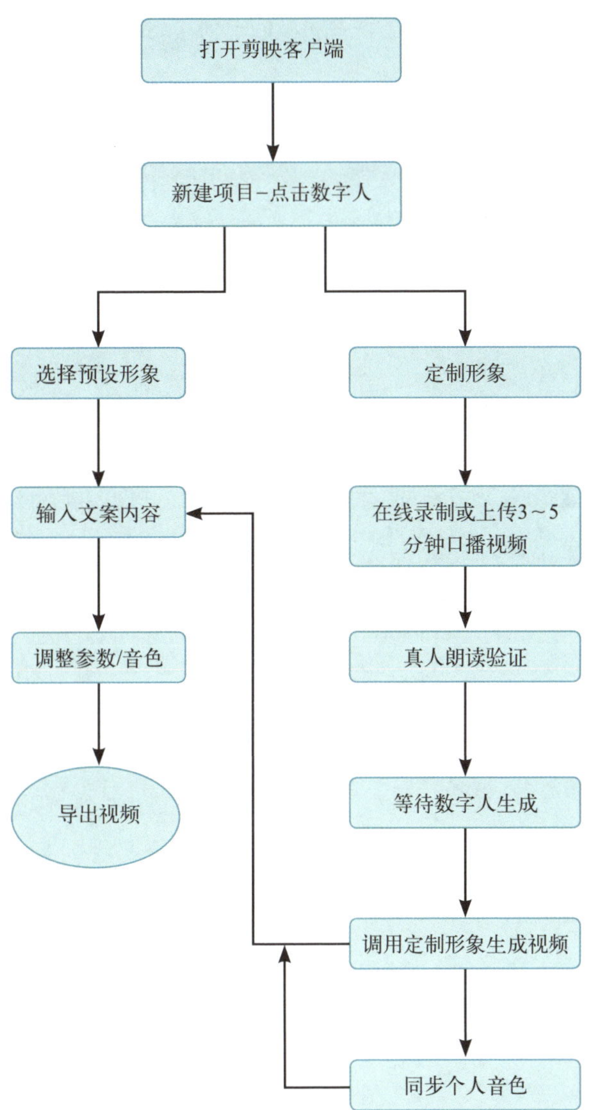

图3-15　数字人视频生成操作流程

数字人视频操作路径：DeepSeek 生成文案→剪映绑定数字人 + 背景→导出视频。

数字人模板使用注意事项：

剪映的数字人模板提供了多种预设形象，在选择时，你应根据视频主题和风格进行挑选，确保所选形象与视频内容相匹配。

由于数字人模板能够快速生成数字人视频，适合对形象个性化要求不高的用户。因此，如果你对数字人形象的个性化需求较低，可优先考虑使用数字人模板来提高制作效率。

克隆定制数字人注意事项：

克隆定制数字人可以实现更高度的个性化定制，但这一过程相对复杂。你需要根据剪映的要求提供相应的素材，包括但不限于人物图像、视频等。

对于提供的素材，必须保证质量和清晰度达到剪映的要求。图像素材应具有高分辨率，视频素材应画面清晰、稳定，无明显的模糊、噪点等问题，以确保生成的数字人形象具有良好的视觉效果。

当你使用剪映制作数字人视频时，还有很多值得关注的细节。首先，在挑选数字人形象时，一定要让它和视频主题紧密契合。比如，如果制作的是商务主题的视频，选择成熟稳重风格的数字人形象会更为合适；要是制作的是儿童教育相关的视频，可爱活泼的数字人形象就更为匹配。同时，设置音色时也要和所选的形象相得益彰，这样才能增强视频的真实感。视频生成后，一定要仔细预览，检查画面是否流畅、字幕是否准确无误。一旦发现问题，要及时进行调整。

在制作数字人视频方面，DeepSeek、腾讯元宝等应用能助你一臂之力，快速地生成高质量文案。这些应用凭借强大的自然语言处理能力，能理解你的需求并生成优质内容。只需要把它们生成的文案复制粘贴到剪映中,就能迅速生成视频。不仅为你节省了大量时间，还能确保文案既专业又富有吸引力，进一步提升视频的质量。

当你使用AI生成创意内容时,有以下这些要点需要留意。首先，输入指令的时候一定要具体，要把场景、风格偏好等关键要素都包含进去，尽量避免抽象的描述。例如，你想要生成一幅风景图，就详细说明是海边日落的场景，风格偏向写实还是梦幻。同时，你要清楚AI的技术边界，它在复杂构图、对文化符号的理解等方面存在一定局限。要是涉及传统文化元素，最好人工进行校验；对于多人互动的场景，建议先分别生成角色，然后再进行合成。

版权与伦理问题也至关重要。如果你是用于商业用途，一定要确保生成的内容不存在侵权问题；使用数字人形象时，必须获得相应授权；并且要避免生成敏感或带有偏见的内容。对于重要的素材，你还应该保留一定比例的人工创意。只有合理利用AI工具，把握好技术特性和人工干预的节点，你才能更好地进行人机协作。

3.4 数据分析与可视化：AI 让数据“说话”

不管是日常工作场景，还是复杂的专业领域，都能看到数据分析与可视化工具的身影。就拿制作思维导图来说，当你使用 AI 工具时，它的强大功能便能充分展现出来。只要你输入主题和要点，这些工具就能迅速生成一幅清晰、有条理的思维导图。这对你梳理思路、规划项目，或是整理知识体系都大有益处。

在图表生成方面，它能够帮你整理和分析复杂的数据，然后生成直观的图表，让数据信息一目了然，让你快速获取关键信息，为你做决策提供有力支持，哪怕你没有专业的数据分析技能也没关系。

在趋势预测方面，AI 也能大显身手。它通过分析和挖掘历史数据，预测未来的市场趋势，为企业发展提供指引。比如在库存管理上，可以借助 AI 预测，对历史销售数据进行分析，进而预测未来的库存需求。企业根据这个预测结果，就能合理安排采购和生产，避免出现库存积压或缺货的情况，从而降低运营成本。在目标设定方面，预测模型会综合考虑市场趋势、季节、促销活动等多种因素，为企业提供科学合理的预测，保证企业的发展方向与市场变化同步，实现可持续发展。

在未来的数字化进程中，随着技术持续进步和应用场景的不断拓展，AI 工具在数据分析与可视化领域将发挥更为重要的作用，助力企业和你在信息时代更好地抓住机遇，实现价值最大化。

场景：思维导图、图表生成、分析预测

AI 能力：

- 思维导图：AI实时生成思维导图/流程图。
- 图表生成：根据已知数据自动生成各类图表。
- 预测模型：基于历史数据预测季度目标达成率或库存需求。

思维导图、流程图等生成工具：腾讯元宝 + draw.io（客户端）（图 3-16、表 3-8）。

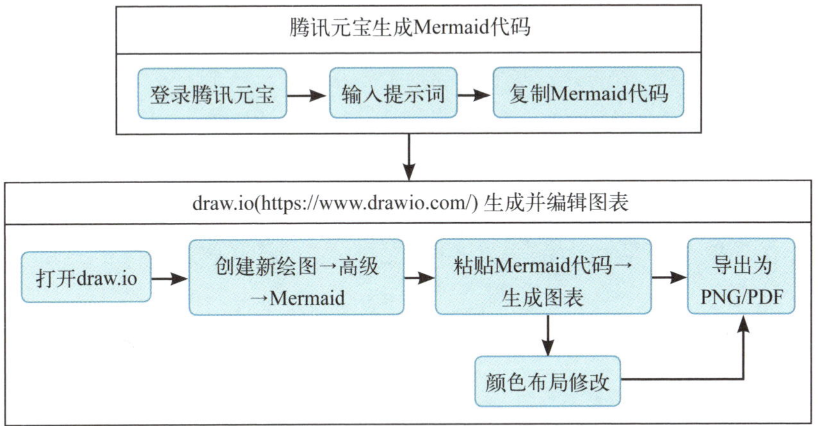

图3-16　思维导图、流程图等的生成操作流程

表 3-8　思维导图、流程图生成指令模板

指令模板	示例
请根据 [文档 / 链接 / 主题内容]，用 Mermaid 语法生成 [三级分层思维导图 / 流程图]，要求包含 [数据案例 / 阶段划分]	请根据《AIGC 技术发展报告》生成三级思维导图，用 Mermaid 语法输出，包含以下内容： 基础概念：生成式 AI、大模型 技术分支：GAN、扩散模型 应用场景：数字艺术、智能客服

示例:《AIGC 技术发展报告》生成三级思维导图(图 3-17)。

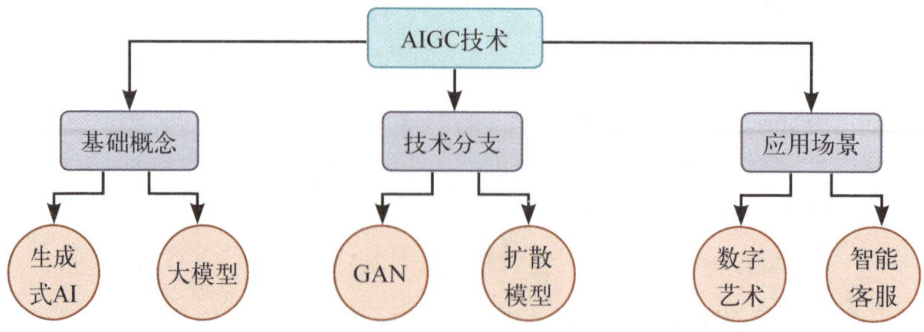

图3-17 三级思维导图

图表生成工具:腾讯元宝 + HTML(图 3-18、表 3-9)。

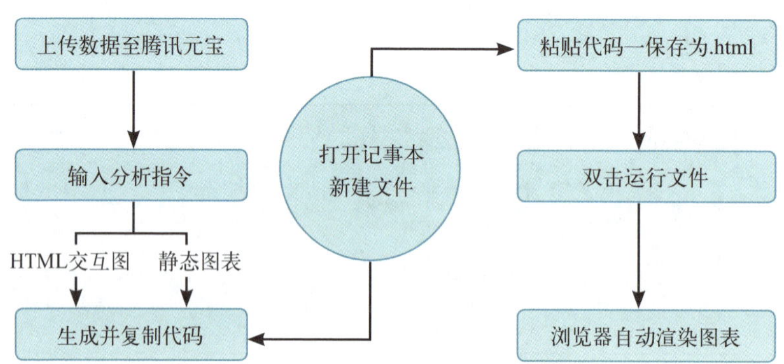

图3-18 图表生成操作流程

表 3-9 图表生成指令模板

指令模板	示例
请分析 [数据内容 / 文件],用 ECharts 生成 [柱状图 / 折线图] HTML 代码,要求包含动态交互功能	根据 2024 年 Q1—Q4 销售额数据(Q1 : 120 万, Q2 : 180 万, Q3 : 210 万, Q4 : 300 万),生成带滚动缩放功能的折线图 HTML 代码

HTML 运行说明

①保存代码为 .html 文件（需开启文件扩展名显示）

②右键文件→选择浏览器打开

示例：销售数据折线图（图 3-19）。

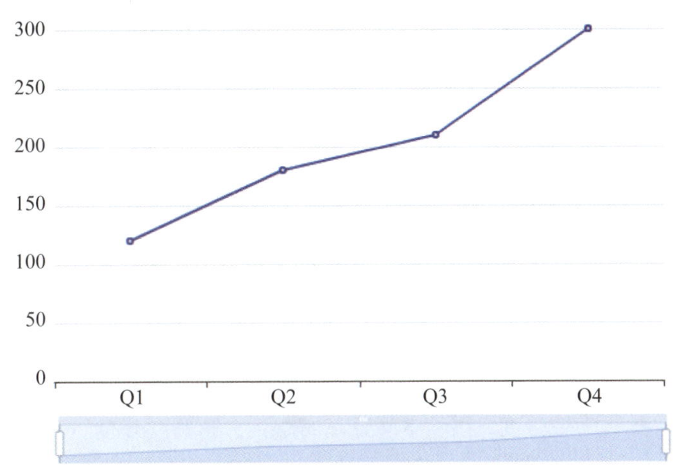

图3-19　销售数据折线图

可生成图表的类型（表 3-10）。

表 3-10　图表类型与主要应用

图表类型	主要用途	适用场景示例
柱状图	比较不同类别的数据差异，展示数值大小关系	各地区销售对比、不同月份业绩比较
折线图	显示数据随时间或其他连续变量的变化趋势	股票价格波动、年度气温变化
饼图 / 圆环图	展示各部分占整体的比例关系	市场份额分布、预算分配比例

续表

图表类型	主要用途	适用场景示例
条形图	与柱状图类似，但更适合长类别标签或水平方向比较	产品名称较长的销量排名、国家 GDP 横向对比
散点图	分析两个变量之间的相关性或分布规律	身高与体重关系研究、广告点击量与转化率关联
面积图	强调数据总量随时间的变化趋势，可叠加展示多维度贡献	用户增长累积量、多产品线销售额总和趋势
气泡图	通过气泡大小和位置展示三个变量关系（X、Y 轴数值 + 气泡面积）	市场规模（X）、利润率（Y）与市场份额（气泡大小）综合分析
雷达图	多维度对比同一对象的综合表现	员工能力评估（如沟通、技术、管理等维度）、产品性能等多指标对比
热力图	用颜色深浅表示数据密度或强度，展示空间分布或矩阵关系	网站用户点击热区、城市人口密度分布
漏斗图	分析流程中各环节的转化率或流失情况	电商购物流程转化分析、客户筛选阶段流失率
瀑布图	展示累积值的增减过程，区分正负贡献	财务现金流变化、年度利润构成分解
桑基图	显示数据在多阶段的流动和比例变化	能源流向分析、用户行为路径追踪
树形图	展示层级结构数据中各节点的占比或分布	公司组织架构占比、文件系统存储空间分配
仪表盘图	展示关键指标（KPI）的完成进度或状态	销售目标完成度、服务器负载实时监控
词云图	通过字体大小突出文本中的高频关键词	用户评论关键词提取、社交媒体热点话题分析

数据分析工具：DeepSeek（图 3-20、表 3-11、表 3-12）。

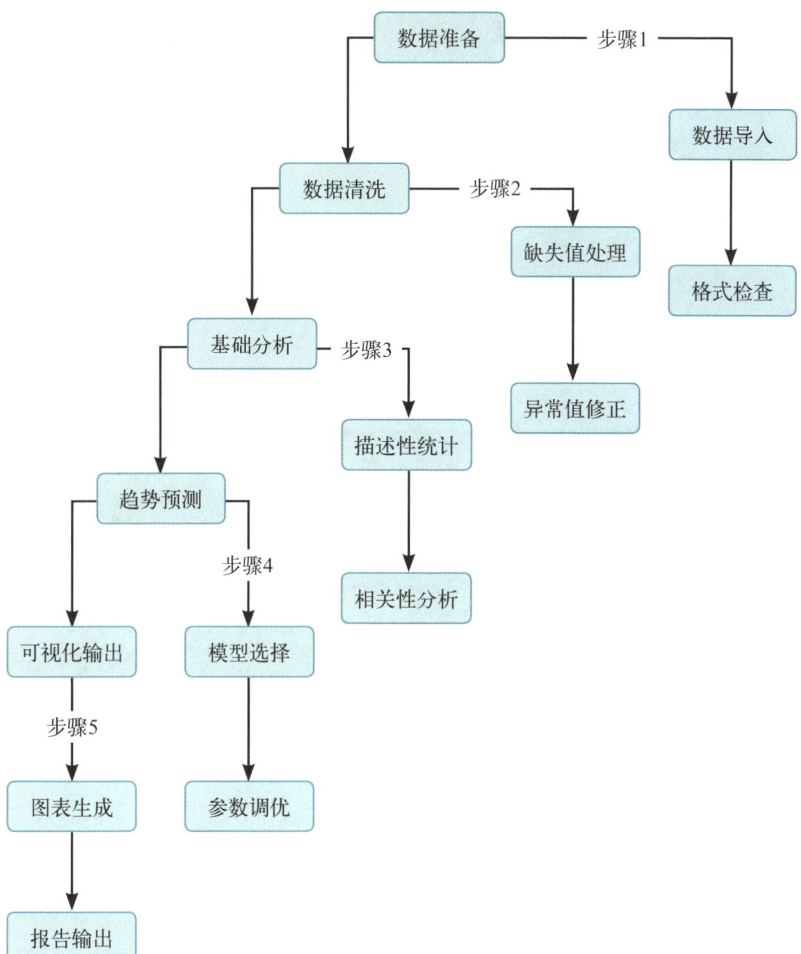

图3-20 数据分析操作流程

表 3-11 数据分析指令模板

	指令模板	示例
基础分析模板	角色定位：数据分析专家 任务：对 [数据集名称] 进行初步分析 要求： ①输出前 5 行数据概览 ②统计缺失值分布 ③绘制数值型变量分布直方图 ④生成相关性矩阵热力图 示例字段：[字段 1，字段 2，字段 3]	角色：零售行业数据分析师 任务：分析 2024 年家电销售数据并预测 Q4 趋势 步骤： ①清洗数据（处理退货订单为负值） ②按月统计各品类销售额 ③使用 ARIMA 模型预测冰箱品类销量 ④生成带置信区间的折线对比图 参数：p=2，d=1，q=1，季节周期 =12
趋势预测模板	角色定位：预测建模工程师 任务：基于 [时间序列数据] 进行趋势预测 要求： ①分解时间序列成分（趋势 / 周期 / 残差） ②使用 [模型名称] 建立预测模型 ③输出未来 3 期预测值及置信区间 ④生成预测效果评估指标（MAE/RMSE） 参数设置：训练集占比 =80%，预测步长 =3	角色：电信行业数据科学家 任务：构建客户流失预测模型 要求： ①对用户行为数据进行标准化处理 ②使用 XGBoost 进行特征重要性排序 ③输出 TOP5 流失预警指标 ④生成 ROC 曲线和混淆矩阵 约束条件：类别不平衡处理采用 SMOTE

表 3-12　模型适用场景

模型类型	适用场景	典型算法	数据要求
时间序列预测	销售预测 / 库存管理	ARIMA、Prophet	时间戳 + 连续观测值
回归分析	价格弹性分析 / KPI 驱动因素研究	线性回归、Lasso	数值型特征 + 连续目标
聚类分析	客户分群 / 市场细分	K-means、DBSCAN	多维特征矩阵
分类模型	风险评估 / 流失预警	XGBoost、随机森林	包含分类标签的数据
关联规则	购物篮分析 / 交叉销售	Apriori、FP-growth	事务型离散数据

人工智能技术给数据分析与可视化带来了巨大变革。思维导图能把知识清晰地梳理并展示出来，就像给复杂的知识搭了一个有序的架子，方便你理解和记忆。图表生成可以把数据变成直观的图表，让数据里的信息一下子就能看明白。预测模型则能够分析趋势，给你的决策提供有力的支撑。这些工具大大降低了使用的难度，哪怕你不是专业人士，只要通过日常说话那样的自然语言指令，就能处理原本复杂的数据任务。在企业的库存优化、市场预测、绩效管理等实际场景中，决策效率能提高 40% 以上。

在实际操作的时候，有不少地方需要注意。数据的质量对分析结果影响很大，所以在使用 AI 工具之前，你需要先做好一些准备工作，比如检查数据里有没有缺失的部分，有没有不太正常的数据，并且要根据不同的业务场景来选择。例如，销售数据如果出现了负值的退货记录，你需要提前处理好。再如，处理金融风控数据时，必须遵守保护隐私的规则，把那些敏感的信息处理一下，防止它们泄露。应该把所有数据的来源和变化都记录好，用专门的工具管理分析流程，这样以后查看整个过程就很方便。对于重要的业务决策，建议你把 AI 预测的趋势和自己的经验判断结合起来。比如制定营销策略时，既要参考模型计算出来的结果，看看哪种促销方式可能效果好，同时也要考虑市场环境这些没办法用数据直接表示的因素。

随着技术不断进步，AI 数据分析工具不再只具备单一功能，而是朝着功能更全面的方向发展。你要多留意工具的更新情况，学会使用新功能。同时，你也需要提升自己和团队理解数据的能力。可以通过收集一些实际案例，或者模拟一些场景进行演练，让大家都能看懂 AI 给出的结果，这样才能真正发挥数据帮助决策的作用，实现价值的提升。

第 4 章

AI 安全指南：别让 AI“偷走”你的隐私

4.1　保护隐私：AI 时代的信息“护盾”
——藏在日常生活中的“数据狩猎”与“数字护城河”

模拟情景：小王的“智能陷阱”

晚上 8 点，刚下班的小王对着手机遥控家中的智能音箱播放某明星的歌曲。没过一会儿，她发现经常浏览的电商平台为她推送该明星联名款限量香水的广告。

更诡异的是，当她打开地图 APP 时，首页推荐了“该明星演唱会场馆附近酒店”。

真相揭秘：智能音箱通过麦克风捕捉到该明星的关键词→ AI 分析用户兴趣标签→与电商平台数据共享→完成精准营销。这个过程仅需 30 秒！

4.1.1　AI 的“数据雷达”如何运作？

想象一下：你家的厨房装上了智能防盗网，它能通过三种方式“观察”家里的情况：

主动探测：就像侦探主动出击，通过主动发送信号（如网络请求、传感器指令）探测目标状态或环境变化，实时获取动态信息。

语音识别：当你对着智能音箱说话时，它就像躲在墙角的窃听者，把你说过的每个词都记下来。比如你说“明天下雨记得带伞”，第二天天气预报 APP 就会主动推送雨伞广告。

图像扫描：智能摄像头不仅能拍全家福，还会悄悄记录你每天穿的衣服颜色、走路姿势，甚至家里养的宠物品种。某品牌相机就曾因 AI 分析用户照片后推荐减肥药被起诉。

被动采集：就像偷偷记笔记，不用你主动说，AI 就能通过摄像头、传感器等默默收集周围的信息，用来做各种事情，比如调整房间温度或推荐商品。

数据共享：你在手机上安装的美颜 APP，可能正在和社交平台“谈恋爱”。比如你用某 APP 修图时选择了“瘦身”功能，两周后社交平台就会给你推荐减肥产品。

广告联盟：当你刷短视频时，AI 不仅收集你看什么，还会通过你的点赞记录推测你的年龄、性别，然后让广告商定向投放。这就是为什么你的长辈总能在朋友圈看到养生保健品广告的原因。

深度挖掘：就像用放大镜在海量数据里找隐藏宝矿，通过算法分析复杂规律，把零散信息变成有价值的商业决策，比如电商猜你对商品的喜好。

行为建模：某招聘平台的 AI 会偷偷分析你的聊天记录，如果发现你经常抱怨工资低，就可能判断你有跳槽倾向，进而向猎头公司出售你的信息。

情绪分析：保险公司甚至能用 AI 窃听你的语音通话，通过声调频率判断你是否处于抑郁状态，以此调整你的保险费率。

4.1.2 建立你的“数字护城河”

（1）设立“AI 禁区”：哪些信息绝对不能告诉 AI？

红色警戒区（永不透露）：

你的身份信息，包括身份证号、银行卡密码、医院就诊记录等。

就像你不会随便把家门钥匙交给陌生人，这些信息一旦泄露，小偷可能直接打开你的“数字保险箱”。

你的职场隐私，包括公司名称、职位级别、同事关系网。想象一下，如果你在 AI 聊天中说“我们部门今年要裁掉 30%”，明天全公司可能都会收到猎头的电话。

黄色缓冲区（谨慎透露）：

你的生活轨迹，包括每日行程安排、常去的餐厅、爱看的电影类型等。这些信息看似无害，但足够让 AI 拼凑出你的完整画像。比如某外卖 APP 就曾因泄露用户订餐习惯，被用来精准诈骗。

（2）选择安全的 AI 工具

在这个科技飞速发展的时代，AI 工具如雨后春笋般涌现，给我们的生活和工作带来了极大便利。但在享受便利的同时，一定要把安全问题放在首位。

选择安全的 AI 工具，首先要看它背后的公司靠不靠谱。那些有良好口碑、长期深耕技术且注重隐私保护的公司，往往更值得信赖。比如一些知名大厂推出的 AI 产品，它们在数据安全和隐私防护方面投入了大量资源，制定了严格的标准（图 4–1）。

其次，要留意 AI 工具对数据的处理方式。安全的 AI 工具不会随意滥用我们输入的数据，而是会采取加密技术，确保数据在传输和存储过程中不被窃取或篡改。而且，它会明确告知用户数据的使用范围和目的，只有在用户同意的情况下才会进行相关操作。

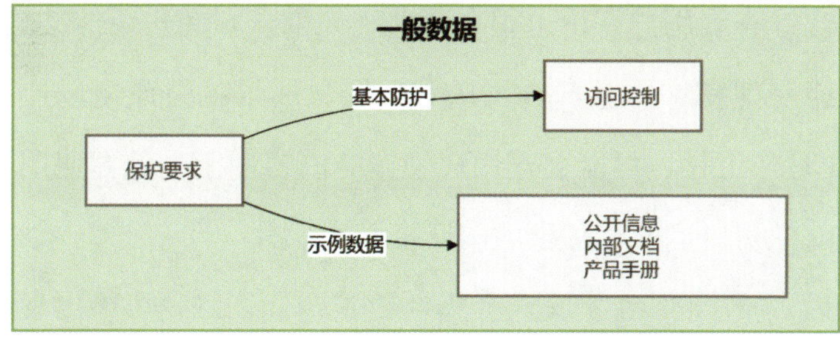
一般数据
基本防护
访问控制
保护要求
示例数据
公开信息
内部文档
产品手册

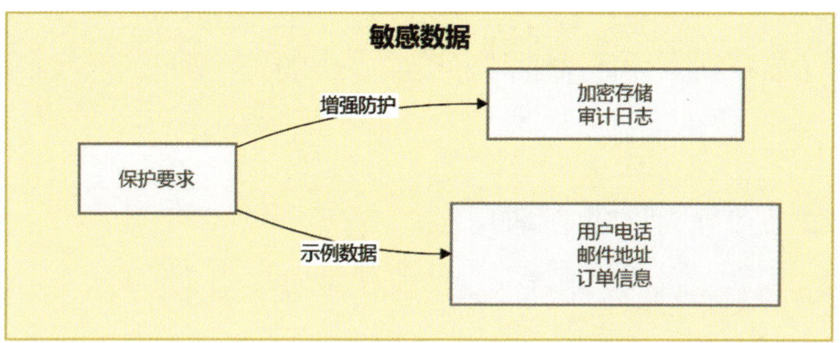
敏感数据
增强防护
加密存储
审计日志
保护要求
示例数据
用户电话
邮件地址
订单信息

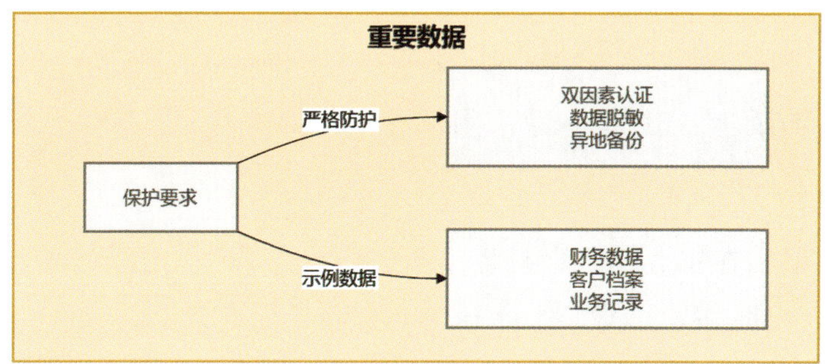
重要数据
严格防护
双因素认证
数据脱敏
异地备份
保护要求
示例数据
财务数据
客户档案
业务记录

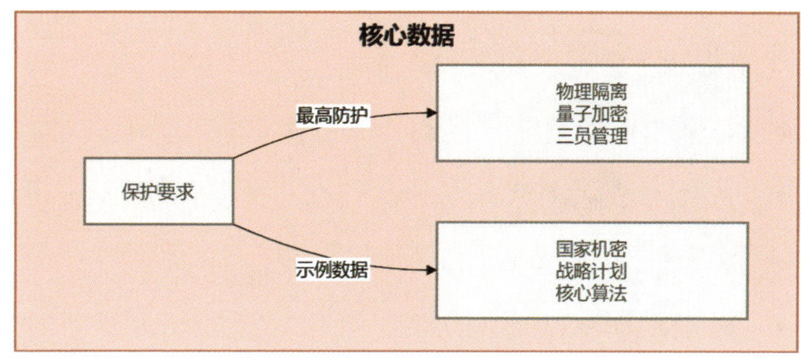
核心数据
最高防护
物理隔离
量子加密
三员管理
保护要求
示例数据
国家机密
战略计划
核心算法

图4-1　数据保护要求

再次，查看用户评价也很有帮助。如果众多用户反馈某款 AI 工具存在隐私泄露、恶意广告推送等问题，那可就得谨慎选择了。像有的 AI 写作工具，可能会把用户创作的内容用于其他商业用途，却没有提前说明，这就存在很大的安全隐患。

最后，安全的 AI 工具还会不断更新迭代，修复可能出现的安全漏洞。所以，尽量选择那些持续维护和升级的产品。总之，多留个心眼，仔细甄别，才能选到既好用又安全的 AI 工具，让我们放心享受 AI 带来的奇妙体验。

（3）定期清理“数字脚印”

手机数据大扫除：

进入手机设置→找到“隐私”或“安全”选项（不同手机命名方式不同）→点击“数据使用情况”或“应用活动记录”，找到最近安装的陌生 APP →一键关闭那些你根本不用的工具权限（比如某个购物 APP 的“相机”权限）。

如果实在担心，可以直接恢复出厂设置（记得提前备份重要照片）。

电脑防护指南：

清理浏览器历史记录和缓存：

- 打开浏览器设置，找到“隐私和安全”选项。
- 选择“清除浏览数据”，勾选“浏览历史” “缓存图片和文件” “Cookie和其他网站数据”等选项。
- 设置定期自动清理功能，确保每次关闭浏览器时自动清除历史记录和缓存。

管理浏览器扩展和插件：

- 定期检查并删除不再使用的浏览器扩展和插件。
- 确保所有扩展和插件都来自可信来源，避免安装不明来源的工具。

清理系统临时文件：

- 在Windows系统中，使用“磁盘清理”工具删除临时文件、系统缓存和回收站中的文件。
- 在Mac系统中，使用“存储管理”工具清理缓存文件和不需要的系统文件。

卸载不必要的软件：

- 定期检查电脑上安装的软件，卸载不再使用的应用程序。
- 特别注意那些在后台运行的软件，它们可能会收集你的使用数据。

加密重要文件：

- 使用加密工具对敏感文件进行加密，确保即使文件被窃取，也无法轻易访问。

定期更新操作系统和软件：

- 确保操作系统和所有安装的软件都保持最新版本，及时安装安全补丁和更新。
- 更新不仅可以修复漏洞，还能提升系统的安全性。

使用防火墙和杀毒软件：

- 启用系统自带的防火墙，或安装第三方防火墙软件，防止未经授权的访问。
- 安装并定期更新杀毒软件，扫描并清除潜在的恶意软件。

禁用不必要的网络共享：

- 检查并关闭电脑上的网络共享功能，避免数据被未经授权的设备访问。
- 在Windows系统中，可以通过“网络和共享中心”进行设置；在Mac系统中，可以通过“系统偏好设置”中的“共享”选项进行管理。

定期备份数据：

- 使用外部硬盘或云存储服务定期备份重要数据，防止数据丢失或被勒索软件加密。

4.1.3 危险行为红榜：这些操作正在“引狼入室”

案例 1：智能手表的“健康密码”

杭州的王女士在某智能手表上开启了“睡眠监测”功能，没想到每天的心跳、呼吸数据都被上传到云端。两个月后，她收到某保险公司的推销电话，对方声称：“根据您的睡眠质量，建议您购买高额防癌险。”最终查明，这家公司正是通过 AI 分析她的健康数据，精准找到了“易患癌症的高危人群”进行保险推销。

案例 2：工作软件的“甜蜜陷阱”

深圳某公司的设计师在使用某 AI 工具生成 PPT 时，不小心勾选了“自动同步云端”选项。结果包含客户合同细节的设计稿被传到了云端服务器，第二天整个行业都知道了他公司的商业机密。事后调查显示，这款 AI 工具默认会上传所有生成内容到国际服务器，而用户往往连这个按钮都没注意到。

安全替代方案

重要会议使用“物理隔离”方案：比如在讨论机密项目时，使用没有联网功能的旧手机，或者把笔记本电脑的网线拔掉。

处理敏感文件时启用“数字保险箱”：在电脑上创建一个加密文件夹，所有文件生成后立刻存进去，用完就彻底删除。就像你处理重要文件时会用碎纸机，只不过这里是给数据打造的“数字碎纸机”。

4.1.4 中国法律如何为数据穿上“铠甲”？

《中华人民共和国个人信息保护法》（以下简称《个保法》）于2021年11月1日正式施行，全文共8章114条。

核心目标包括：

保护个人信息权益：防止个人数据被非法收集、使用、泄露。

规范数据处理活动：建立从数据收集到销毁的全生命周期监管体系。

促进合理利用：在保障安全的前提下推动数据要素市场发展。

关键条款详解：

第六条　处理个人信息应当具有明确、合理的目的，并应当与处理目的直接相关，采取对个人权益影响最小的方式。

通俗解读：

就像你去超市买面包，店家不能因为你要付钱就索要你的家庭住址。AI工具收集数据必须像“精准外科手术”——只取必需部分（如导航APP只需位置信息），禁止像“全身CT扫描”一样过度采集。

第十三条　基于个人同意处理个人信息的，该同意应当由个人在充分知情的前提下自愿、明确作出。

应用场景：

当 AI 工具要求开通“麦克风权限”时，必须以醒目弹窗形式告知：“正在申请麦克风访问权限，将用于语音指令识别”，且允许用户随时撤回同意（类似手机 APP 的“权限管理”设置）。

第十七条　个人信息处理者不得过度收集个人信息，除法律、行政法规另有规定外，应当限于实现处理目的的最小范围和必要期限。

典型违规案例：

某社交 APP 因长期保存用户聊天记录（超出登录账号有效期）被处以 200 万元罚款。

第四十七条　有下列情形之一的，个人信息处理者应当主动删除个人信息；个人信息处理者未删除的，个人有权请求删除：

（一）处理目的已实现、无法实现或者为实现处理目的不再需要；

（二）个人信息处理者停止提供产品或者服务，或者保存期限已届满；

（三）个人撤回同意；

（四）个人信息处理者违反法律、行政法规或者违反约定处理个人信息；

（五）法律、行政法规规定的其他情形。

操作指引：

若发现某AI工具长期保存您的聊天记录，可依据本条款要求其删除，具体操作路径通常为：进入工具设置→隐私中心→数据管理→选择“删除对话记录”并提交申请。

第五十八条　提供重要互联网平台服务、用户数量巨大、业务类型复杂的个人信息处理者，应当履行下列义务：

（一）成立主要由外部成员组成的独立监督机构；

（二）对严重违反法律、行政法规的处理活动立即停止服务；

（三）定期发布个人信息保护社会责任报告。

监管实例：

某超级APP因未设立独立监督机构，被要求暂停新用户注册三个月并进行整改。

4.2　AI生成内容：靠谱还是“坑”？
——当机器成为“真假美猴王”的鉴别指南

4.2.1　AI内容为何让人又爱又怕?

人类为何深爱AI？

答案很简单——AI正以超乎想象的速度重塑着我们的生活：

效率神器：

某广告公司员工小张曾花费3天整理的客户画像数据，如今只需输入“母婴用品”+“一二线城市”，AI工具10分钟就能生成精准营销方案，将周报厚度压缩了80%。

创意伙伴：

一位自由插画师使用 AI 工具辅助创作，原本需要 2 周完成的商业插画，现在通过提示词调整，4 小时即可产出初稿，且细节丰富度超出手绘。

知识管家：

退休教师李奶奶通过 AI 助手，每周自动收到定制化的养生食谱和新闻摘要，解决了子女不在身边时的信息焦虑。

人类为何又恐惧 AI？

这恐怕是源于 AI 的“聪明”背后暗藏风险：

不可靠性：

某求职平台 AI 因训练数据偏差，向 40 岁以上求职者推荐“前台接待”等低龄化岗位，引发职场歧视争议。

失控性：

某社交平台 AI 自动续写用户对话时，曾生成“你父亲已去世”的噩耗式回复，导致用户精神崩溃；

某新闻 AI 虚构新闻，引发全网恐慌。

爱恨交织的根源：

这种矛盾恰似一把双刃剑——AI 既能用“读心术”猜中你想要的内容（如某购物 APP 根据浏览记录推送限量款球鞋），也可能用“读心术”窥探你未曾言说的秘密（如某智能手表通过睡眠监测推测用户情绪波动）。

AI 提供的便利有目共睹，但有些内容信息真假难辨，让人又爱又恨，有什么办法能够鉴别 AI 提供信息的真伪呢？

4.2.2 四步鉴真法：让 AI 内容现形记

（1）第一眼筛查：常识过滤器

如问 AI 一个未曾发生的事件："2025 年诺贝尔文学奖得主是谁？"（实际揭晓时间为 2026 年）若回答包含具体人名，立即核对官网公告，特别警惕"独家揭秘""内幕消息"等夸张表述。

典型陷阱：

- 某平台AI生成"某明星参演电影票房破50亿"，实则该电影尚未上映。
- 某企业AI分析"股市行情"时遗漏最新政策变动。

（2）跨平台验证：找不同侦探游戏

可以在不同 AI 工具输入同一问题（如"量子计算机原理"），对比答案中出现频次高的关键词（可信内容通常呈现共识）并检查引用来源标注（如"数据来源：国家统计局 2023 年年报"）。

技术原理：

就像调查记者会采访多个目击者，交叉验证可以提高准确性。

某财经 AI 因片面引用某券商研报被罚款 100 万元，案例入选最高人民法院发布的《人工智能司法应用白皮书》。

（3）追根溯源：数据 DNA 检测术

查看内容是否包含明显漏洞（如"2023 年奥运会已结束"）；使用"反向图像搜索工具"核查图片来源。

典型案例：

某 AI 生成的"某历史人物画像"被证实抄袭网络插画师作品。

（4）人工复核：最后的保险闸门

适用场景：

- 涉及生命健康的医疗建议（如用药剂量）
- 关乎财产安全的金融决策（如投资方案）
- 影响社会舆论的重大事件（如政策解读）

操作规范：

医疗领域：要求 AI 提供“计算模型版本号 + 训练数据截止时间”，某医院曾因此规避了 AI 诊断模型过期的重大风险。

法律领域：如核对答案是否与《中华人民共和国民法典》最新司法解释一致。

4.2.3　典型 AI 内容陷阱

 **陷阱 1：虚假政策解读**

案例：某平台 AI 声称“国家全面取消房产限购”，实则为某地方政府试点政策

应对策略：登录国务院客户端官网核实

 **陷阱 2：数据分析偏差**

案例：某招聘 AI 分析“985 高校毕业生薪资”时，未排除家庭背景变量

解决思路：要求提供统计方法和原始数据集

 **陷阱 3：伪科学养生**

案例：AI 生成“隔夜水致癌”等无科学依据内容，被中国科协

列入谣言榜单

鉴别技巧：查看内容是否标注“研究支持单位”

陷阱 4：版权侵权风险

案例：某设计师用 AI 生成海报被指控抄袭，因 AI 训练数据包含大量版权作品

法律红线：禁止使用 AI 生成内容直接用于商业出版物

陷阱 5：伦理失范内容

案例：某 AI 生成涉及未成年人隐私的漫画形象，违反《中华人民共和国未成年人保护法》

应急处理：立即保存证据并向网信部门举报

4.2.4 技术局限与人类责任

很多事情基于 AI 的逻辑思考，无法得出正确的答案，也就是 AI 的“认知盲区”。

模糊需求处理失败：如用户问“帮我找份既轻松又能赚钱的工作”，AI 无法理解“轻松”与“赚钱”的矛盾诉求。

实时信息滞后：某 AI 在 2024 年 3 月仍引用 2023 年 Q2 的经济数据。

因为 AI 的局限性，我们必须要有“终极审核权”的责任意识。如：

医疗领域：某医院规定 AI 诊断报告必须经主治医师签字。

司法领域：法院判决书禁止直接引用 AI 生成的法律条文。

新闻行业：主流媒体设立 AI 内容“红黄灯”审核机制。

4.3　法律红线：AI 时代的“交通规则”

2023 年 7 月 10 日，国家网信办联合国家发展改革委、教育部、科技部、工业和信息化部、公安部、广播电视总局七部门联合公布了《生成式人工智能服务管理暂行办法》（以下简称《办法》）并于同年 8 月 15 日起施行。作为我国首部专门规范 AI 生成内容管理的行政法规，《办法》与《中华人民共和国个人信息保护法》形成互补，构建起“事前预防 + 事中监管 + 事后追责”的全链条治理体系。以下是一些重要条款。

4.3.1　内容安全“高压线”

（1）政治敏感内容禁令

第六条　生成式人工智能服务提供者不得生成含有危害国家安全、扰乱社会秩序、侵犯他人合法权益等内容的生成式人工智能产品和服务。

违规案例：

某平台 AI 自动续写用户对话时生成“某领导人健康状况异常”的谣言，引发全网传播，最终被处罚款。

（2）虚假信息传播限制

第七条　生成式人工智能服务提供者应当采取有效措施防范和处置生成式人工智能产品和服务可能产生的虚假信息。

技术实现要求：

某新闻 AI 系统接入实时舆情监测模块，当监测到“某地发生地震”等未经核实的突发事件时，自动触发人工复核机制。

4.3.2 用户知情权保障

（1）生成内容标注义务

第八条　生成式人工智能服务提供者应当在生成式人工智能产品和服务中，对生成的文字、图片等内容进行显著标识。

执行标准：

某视频平台 AI 生成的短视频片头添加“AI 生成内容”水印（字号≥标题字号 30%），并设置“点击查看详情”跳转链接。

（2）算法歧视防控

第九条　生成式人工智能服务提供者应当确保生成式人工智能产品和服务不因种族、性别、年龄等因素产生歧视性内容。

合规实践：

某招聘 AI 系统新增“公平性验证”模块，自动拦截包含“985 院校优先”等歧视性条件的岗位描述。

4.3.3 数据合规“生死线”

（1）训练数据管理规范

第十条　生成式人工智能服务提供者应当对训练数据进行分类管理和安全审查。

典型违规案例：

某设计 AI 工具因训练数据包含未经授权的版权图片，被法院判决赔偿插画师经济损失。

（2）跨境数据流动限制

第十一条　生成式人工智能服务提供者向境外提供生成式人工

智能产品和服务，应当符合国家网信部门会同有关部门制定的跨境数据流动安全管理规定。

企业应对策略：

某跨国企业在国内部署本地化服务器，将 AI 训练数据存储于境内合规云平台。

4.4 AI 创作：如何合法释放你的想象力？

想象一下，你有一支能自动作画的神奇画笔（就像魔法一样）。这支笔能根据你随便说出的想法，瞬间画出精美绝伦的画作，甚至模仿达芬奇、梵高的风格。这是不是让人兴奋到想马上试试？但你知道吗，这支“神奇画笔”其实是人工智能，它的每一次创作都可能涉及法律问题。这里我们就来聊聊，如何合法地用这支“神奇画笔”尽情创作。

4.4.1 AI 创作就像“照相馆”，但底片要干净

AI 画图工具就像一家 24 小时营业的智能照相馆。你只要说出想要的画面，它就能立刻生成照片。但这家照相馆有个特殊规矩：它用的所有“相纸”“颜料”都必须是干净的。这里的“相纸”就是训练 AI 的数据，如果这些数据里有别人的版权作品（比如明星照片、小说插图），生成的画作就可能涉及侵权。

举个真实案例：2023 年美国有个设计师用 AI 生成了一张球星海报，结果被起诉，因为 AI 学习的训练数据里包含了该球星的广告照片。最后法院判定，虽然 AI 是工具，但使用侵权数据训练的行为就

像“用别人家的颜料画画”，需要承担责任。

所以使用这类工具时，就像去图书馆借书，要确认书是不是合法出版的。现在很多平台会提供“版权清洁”的数据集，你可以放心使用。

4.4.2 给 AI 作品贴“小标签”，就像给商品贴价格牌

假设你用 AI 写了一首歌，这首歌的旋律是 AI 生成的，歌词是你自己写的。这时候千万记得要标明：“部分内容由 AI 创作”。这就好比你在菜市场买的半成品食材，虽然经过厨师加工，但原材料来源要透明。

根据我国相关规定，所有 AI 生成的内容必须像食品包装上的生产日期一样清晰标注。比如新华社推出的 AI 主播，屏幕上都会明确显示“虚拟主播”字样。这样做不是限制创作，而是防止有人用 AI 冒充真人专家写论文、发假新闻。

4.4.3 当 AI 变成你的“写作助手”，别让它替你“代写作业”

现在很多学生用 AI 写作文，老师却能一眼看出破绽——缺乏个人经历的真实感。AI 更适合扮演“素材整理员”的角色：比如帮你收集写作灵感、修正语法错误，但核心观点还是要你自己想。这就像请个秘书帮忙打字，但演讲内容还得你自己准备。在工作中，使用 AI 生成的文档只能成为素材，不要让他禁锢住你创作的灵魂。

4.4.4 建立你的“AI 创作守则”

（1）数据筛选原则

选 AI 工具就像给孩子选玩具，要检查说明书（隐私条款）。比

如用某个写作 AI 前，先看看它有没有要求你上传私人日记（这可能涉及隐私泄露）。

真实案例：某社交平台曾推出 AI 聊天机器人，结果因擅自分析用户聊天记录，被罚款 2000 万美元。这就像偷偷翻邻居家的日记本学习写作，最后被抓住。

（2）内容过滤习惯

每次生成内容后都像检查作业一样通读一遍。某游戏公司用 AI 生成宣传文案时，专门设置“红线词库”过滤不当内容，就像出版社的编辑审稿。

趣味测试：试着让 AI 描述“完美的妈妈”，它可能会写出“不抱怨、不衰老”的刻板印象。这就是为什么需要人工审核——AI 可能不知道什么是真正温暖人心的表达。

（3）保留创作痕迹

用区块链存证工具（类似给文件盖时间戳）记录创作过程。就像画家在画布背面签名，现在很多艺术家开始用数字水印保护作品。

4.4.5　AI 创作的“危险禁区”——这些雷区千万别碰

禁区一：伪造证件照

用 AI 把明星脸换成别人的肖像，可能涉嫌侵犯肖像权。就像用 PS 把同学的照片贴到假文凭上，后果严重。

禁区二：抄袭论文

直接复制 AI 生成的段落而不标注来源，就像考试时抄邻桌的答案。

禁区三：传播谣言

让 AI 编造疫情最新消息再配上煽动性图片，就像在社区群里散布假消息。

4.4.6 未来已至——做驾驭 AI 的“魔法师”

还记得《哈利·波特》里的魔法学校吗？那里的学生既要学习咒语（创作技巧），又要遵守校规（法律底线）。未来的 AI 创作世界也是如此。当 AI 能写出媲美莎士比亚的诗歌时，真正珍贵的永远是你注入的情感和故事。

4.5 全球 AI 监管：谁在“管”AI？

4.5.1 我国人工智能相关法律

前文已经介绍过我国出台的《中华人民共和国个人信息保护法》与《生成式人工智能服务管理暂行办法》。此外，我国还有两部法律也在不同程度地监管治理 AI 发展、保护公民隐私、保护国家网络数据安全。这就是《中华人民共和国网络安全法》与《中华人民共和国数据安全法》。

《中华人民共和国网络安全法》于 2017 年 6 月 1 日生效，旨在保障网络安全，维护网络空间主权和国家安全。该法明确了网络运营者的安全责任，要求其采取技术措施防止网络攻击、数据泄露等风险，并规定了关键信息基础设施的保护要求。此外，法律还强调了对个人信息的保护，禁止非法收集、使用和泄露用户数据，同时对违法行为的处罚措施进行了明确规定。

《中华人民共和国数据安全法》于2021年9月1日实施，旨在规范数据处理活动，保障数据安全，促进数据开发利用。该法明确了数据分类分级保护制度，要求对重要数据和核心数据实施重点保护。法律还规定了数据安全审查制度，确保关键领域的数据处理活动符合国家安全要求。同时，法律强调了对跨境数据流动的监管，要求数据处理者遵守相关规定，防止数据泄露和滥用。

《人工智能生成合成内容标识办法》于2025年9月1日起施行。

4.5.2　欧盟人工智能相关法律

（1）欧盟《人工智能法案》

欧盟《人工智能法案》于2023年提案，旨在应对AI技术快速发展带来的隐私、安全与社会公平挑战，通过风险分级监管构建全球首个统一AI治理框架。其核心目标包括:禁止高风险AI系统（如医疗、司法）未经授权使用敏感数据，保障公民隐私与非歧视权，推动本土AI创新并强化数字主权，同时确立欧盟作为“可信赖AI”国际标准的引领地位。法案要求高风险企业进行数据保护评估、算法备案及透明化披露，并计划设立跨成员国监管机构与企业合规支持机制。截至2025年初，法案进入立法最后阶段，尽管面临技术定义模糊、全球协调困难等争议，但其通过罚款（最高4%营业额）与沙盒实验等措施力促企业转型，未来可能重塑全球AI生态，尤其影响跨国公司的数据本地化布局与国际合作规则。

（2）欧盟《数据法案》

欧盟《数据法案》是欧盟构建“数据友好型数字经济”的核心立法之一，旨在解决数据流通壁垒、遏制平台垄断并强化数据安全，同时为人工智能等战略领域提供数据支撑。其立法背景源于欧盟企业（尤其中小企业）面临的数据获取困境，以及超大型平台（如Meta、谷歌）对数据的垄断性控制，而现有法规（如GDPR）未能系统性规范数据流通规则。法案提出三大核心目标：推动公共数据开放，要求政府免费开放交通、气象等非敏感数据集并建立统一数据共享平台；规范数据中介责任，明确平台需透明化数据流向并禁止强制用户授权非必要数据用途；限制高风险数据跨境流动，仅允许在接收国数据保护水平达标或经欧盟授权的情况下传输生物识别等敏感数据；同时强化用户数据控制权，扩展可删除权范围并要求在特定场景（如招聘、信贷）解释AI决策逻辑。

《数据法案》于2024年1月生效，与《人工智能法案》形成协同：前者通过开放公共数据集和规范数据流通为AI研发提供资源，后者则从风险分级监管角度约束AI系统的数据使用。法案计划2025年9月正式实施，但争议点集中于中小企业合规成本压力及平台责任界定难题。科技巨头支持数据开放以降低研发壁垒，但担忧过度监管抑制创新；成员国已开展区域性试点（如意大利的公共数据平台）。

4.5.3 美国人工智能相关法律

2023年10月30日，美国总统拜登签署并发布《关于安全、可靠、值得信赖地开发和使用人工智能的行政命令》（简称《人工智能行政命令》），旨在应对AI技术快速发展带来的治理挑战，巩固美国全球领导地位并平衡创新与风险。其立法背景包括对中国生成式AI崛起的焦虑、欧盟《人工智能法案》的竞争压力，以及国内对AI滥用（如监控、歧视）的担忧。《人工智能行政命令》标志着美国从“技术放任”转向“有限监管”，但其分散化、原则性的特点可能导致实效有限。

4.5.4 联合国人工智能倡议

（1）联合国教科文组织《人工智能伦理建议书》

2021 年，联合国教科文组织发布《人工智能伦理建议书》，这也是全球首份具有普遍约束力的 AI 伦理框架。其核心原则包括尊重人权与隐私（禁止歧视性算法）、促进公平正义（避免技术加剧社会不平等）、透明可解释性（高风险系统需公开决策逻辑）及环境可持续性（降低 AI 能耗）。文件呼吁各国将伦理准则纳入法律，并通过国际合作与技术社群参与推动落地。尽管被 193 个国家采纳为非约束性准则，但其缺乏强制力，实际执行高度依赖各国自主落实。

（2）联合国《全球人工智能治理倡议》

2023 年联合国大会通过了《全球人工智能治理倡议》，旨在构建包容性多边治理框架以应对 AI 安全与跨境挑战。其聚焦三大领域：打击深度伪造等恶意技术应用、禁止致命性自主武器系统（LAWS）、规范跨境数据流动。倡议提出成立高级别咨询委员会、资助安全评估项目，并推动成员国就伦理与安全标准达成共识。然而，该倡议同样缺乏强制约束力，且因技术中立性争议和地缘政治博弈面临执行困难，未来成效取决于大国协作与资源投入。

第 5 章

未来展望：AI 将如何改变我们的工作和生活？

5.1　未来的 AI：更聪明、更贴心、更安全

人工智能（AI）早已不是科幻电影里的“未来科技”，不经意间，它已悄然走进了我们的生活。无论是手机里的语音助手，还是街上的自动驾驶汽车，AI 正在以惊人的速度改变甚至颠覆我们的行为模式。未来，AI 会如何进化？它将在我们的生活中扮演什么样的角色？

5.1.1　AI 将变得更聪明

现在的 AI 就像一个勤奋但有点“死板”的学生，得靠“填鸭式”的学习才能掌握技能。

比如，为了让 AI 认识猫，得给它“喂”成千上万张猫的照片，它才能勉强记住。但未来的 AI 会变得更聪明，像“学霸”一样，能“举一反三”，甚至“无师自通”。你给它看几张你家猫的照片，它不仅能一眼认出猫，还能从猫的表情和动作中看出它是开心还是郁闷。

现在的 AI 需要“死记硬背”大量例句才能勉强翻译句子，但未来的 AI 可能只需要听你说几句话，就能理解你的语言习惯，甚至能模仿你的语气和风格，写出地道的文章。现在的 AI 下棋需要学习无数棋谱，但未来的 AI 可能只需要知道基本规则，就能通过自我对弈迅速掌握技巧，甚至创造出全新的策略。现在的 AI 医生需要分析海量病例才能做出诊断，但未来的 AI 可能只需要看几个典型病例，就能推断出病因，甚至预测疾病的发展趋势。

这些例子都说明，未来的 AI 将不再依赖“死记硬背”，而是像人类一样，能够灵活思考、举一反三。

5.1.2 AI将变得更贴心

现在的AI更像一个“听话的工具”，你问什么，它答什么，虽然有用，但总少了点温度。比如，你问天气，它只会告诉你今天几度、会不会下雨，而未来的AI，将变得更像一个“懂你的伙伴”。它不仅会告诉你天气信息，还会根据你的日程和习惯，提醒你带伞、穿外套，甚至建议你改走一条不那么堵的路。

再比如，现在的AI推荐音乐，可能只是根据你最近听过的几首歌来猜测你的喜好，但未来的AI会从你的情绪、时间、场合出发，推荐最适合的音乐。如果你今天心情低落，它会放一首舒缓的歌；如果你正在运动，它会挑一首节奏感强的曲子。它甚至能根据你的健康数据，提醒你该休息了，或者该喝水了。

未来的AI，不再是冷冰冰的“工具”，而是懂你、关心你的“贴心伙伴”。它不仅能完成任务，还能主动为你着想，让生活变得更温暖、更轻松。

5.1.3 AI将变得更协作

未来，AI不再是取代人类的“对手”，而是与我们并肩作战的“合作伙伴”。在工厂里，AI将接手那些危险、重复的工作，比如焊接、喷涂，而人类则专注于创意和决策，比如产品设计和生产规划。这种分工不仅让效率倍增，还大大降低了工作中的风险。在深海里，AI机器人能潜到几千米深的地方，顶着高压和低温，探索海底资源或修理电缆，而人类则可以在船上或控制中心远程指挥，分析数据并制定下一步计划。在核电站的辐射区，AI机器人能代替人类检修设备、排查故障，而工程师们则可以专注于设计更安全的核反应堆，优化能源效率。在火灾现场，AI 也能大显身手。消防机器人能冲进高温、浓烟滚滚的火场，寻找被困的人或探测危险气体，而消防员可以在安全的地方远程指挥，制定救援策略，减少伤亡风险。在太空探索中，AI 探测器能在火星、月球这些极端环境里执行任务，采集样本、分析数据，而科学家们则在地球上研究这些数据，为人类未来的太空移民铺路。

未来，AI 的精准、不知疲倦和“无所畏惧”，能让它成为人类处理复杂任务的最佳助手，帮助我们完成那些“不可能完成”的任务，让我们的工作变得更安全、更高效。

5.1.4　AI 将变得更普及

未来的 AI 将不再是高高在上的“黑科技”，而是像空气一样无处不在，悄无声息地融入我们的生活。它会像一位隐形的助手，默默打点一切，让日子过得更轻松、更智能。

想象一下，早晨醒来，AI 已经根据你的睡眠质量调节好了房间的灯光和温度，甚至为你推荐了最适合的早餐。出门前，它会提醒你带伞，因为今天有雨；晚上回家，空调已经调到你喜欢的温度，热水器也准备好了洗澡水。你只需动动嘴，AI 就能帮你控制家电、播放音乐，甚至帮你点外卖。它就像一个贴心的管家，让生活变得简单又舒适。

在教育领域，AI 将成为每个孩子的“超级老师”。它能根据每个孩子的学习进度和兴趣，量身定制学习计划。数学不好的孩子，AI 会用游戏化的方式讲解难点；喜欢历史的孩子，AI 会推荐相关的纪录片和书籍。它还能实时批改作业，分析错误原因，帮助孩子更快进步。AI 让学习变得更个性化，也让知识变得触手可及。

在医疗健康方面，AI 将成为每个人的“私人医生”。它可以通过智能手表或手机，实时监测你的心率、血压、睡眠质量，发现异常时会及时提醒你。它还能根据你的饮食习惯和运动情况，给出个性化的健康建议。比如，提醒你少吃高糖食物，或者推荐适合你的运动方式。AI 甚至能通过分析医学影像，帮助医生发现早期疾病，让治疗更及时、更精准。

未来的交通系统将由 AI 全面接管。自动驾驶汽车会根据实时路况选择最优路线，避免堵车；红绿灯也会根据车流量自动调节，让交通更顺畅。你只需坐在车里，AI 就会安全、高效地把你送到目的地。即使是步行或骑车，AI 也能通过智能导航帮你避开拥堵和危险路段，让出行更安全、更省心。

在娱乐生活中，AI 将成为你的“专属推荐官”。它不仅能根据你的喜好推荐电影、音乐和书籍，还能根据你的心情调整推荐内容。比如，当你感到疲惫时，它会推荐轻松治愈的音乐；当你需要灵感时，它会推荐充满创意的电影。AI 甚至能根据你的社交动态，推荐适合的活动和朋友聚会，让你的生活更丰富多彩。

在工作中，AI 将成为你的“高效助手”。它能帮你整理会议记录、自动生成报告，甚至预测市场趋势。比如，在市场营销中，AI 可以分析消费者行为，帮你制定更精准的推广策略；在设计中，AI 可以根据你的需求生成创意草图，节省大量时间。AI 让工作变得更高效，也让你有更多时间专注于创意和决策。

未来的 AI 将不再是遥不可及的“高科技”，而是像水电煤气一样，成为生活中不可或缺的一部分。它会让我们的生活更智能、更便捷，也会让工作更高效、更有趣。从家居到教育，从医疗到交通，AI 将悄然改变每一个角落，让科技真正服务于生活，成为我们身边的“家常便饭”。

5.1.5　AI 将变得更安全

AI 的快速发展让我们惊叹，但也带来了一些问题。未来的 AI 不仅要聪明，还得安全可靠，真正做到“负责任地发展”。

现在的 AI 就像一个“黑盒子”，我们只知道它给出了结果，却不知道它为什么这么决策。比如，AI 拒绝了你的贷款申请，但你不知道原因是什么。未来的 AI 会变得更透明，它的每一个决策都能被解释清楚。银行会用通俗的语言告诉你，为什么你的贷款没通过；医生用 AI 辅助诊断时，也会清楚地说明诊断依据。这样，我们不仅能信任 AI，还能更好地理解它。

AI 的决策有时会带有偏见。比如，招聘 AI 可能因为训练数据的偏差，更倾向于选择某一性别或专业的候选人。未来的 AI 将更加注重公平性，通过更全面的数据和更严谨的算法，避免歧视和偏见。无论是招聘、贷款还是司法判决，AI 都会以更公正的方式服务每一个人。

AI 需要大量数据来学习，但这些数据中往往包含我们的隐私信息。未来的 AI 将更加注重隐私保护。比如，你的健康数据会被加密存储，只有经过授权的医生才能查看；你的购物记录不会被随意分享给第三方。AI 会在保护隐私的前提下，提供更精准的服务。

AI技术可能被滥用，比如用于制造虚假信息或进行网络攻击。未来的AI将配备更强大的安全机制，防止被恶意利用。社交媒体平台会用AI识别虚假新闻，网络安全系统会用AI拦截黑客攻击。同时，各国也会制定更严格的法律法规，确保AI技术不被滥用。

未来的AI将不再是独立的“决策者”，而是与人类紧密协作的“伙伴”。在医疗领域，AI会辅助医生诊断，但最终决定权仍在医生手中；在司法领域，AI会提供量刑建议，但法官会综合考虑其他因素做出判决。AI的每一步都会在人类的监督下进行，确保它不会“越界”。

AI的快速发展让我们看到了无限可能，但也让我们意识到安全的重要性。未来的AI将更加透明、公平、注重隐私保护，并防止滥用。它不仅是聪明的工具，更是负责任的伙伴。只有在安全的前提下，AI才能真正造福人类，让我们的生活更美好。

在AI的浪潮下，行政工作正经历一场深刻的变革。未来的行政人员不再是简单的“事务处理者”，而是借助AI赋能，成为高效、智能的“管理专家”。你的未来，从此刻开始！

5.2 AI赋能工作：从“工具人”到“超级助手”

想象一下，我们正站在职场的新起点上，AI就像一位无处不在的“超级助手”，悄悄改变着我们的工作方式。无论是普通职员还是管理者，AI都在帮助我们变得更高效、更聪明。让我们一起看看，AI如何赋能我们的工作能力进化路径吧！

5.2.1 从“重复劳动”到“高效执行”

还记得那些让人头疼的重复性工作吗？比如整理数据、填写表格、处理邮件，过去我们得花大量时间手动完成这些任务。但现在，AI 工具可以帮我们搞定这些烦琐的事情！比如，财务人员不再需要手动录入发票数据，AI 可以自动识别发票信息并生成报表；行政人员也不用再为安排会议发愁，AI 助手可以自动协调时间并发送提醒。我们终于可以从“手工操作”中解放出来，学会用 AI 工具提升效率，把时间花在更有价值的事情上。

5.2.2 从“单一技能”到“多面手”

过去，很多岗位只需要我们掌握单一技能，比如只会写代码、只会做设计或只会分析数据。但现在，AI 可以帮我们完成专业任务，让我们有更多时间学习新技能，成为“多面手”。比如，设计师可以用 AI 生成初稿，同时学习营销和用户体验知识；数据分析师可以用 AI 工具快速处理数据，同时学习业务策略和沟通技巧。我们不再局限于单一领域，而是可以借助 AI 的力量，拓展自己的能力边界，成为更全面的职场人。

5.2.3 从“被动执行”到“主动创新”

以前，很多工作是被动执行上级指令，缺乏主动性和创造性。但现在，AI 可以帮助我们处理常规任务，让我们有更多时间思考如何优化流程、提出创新方案。比如，销售人员可以用 AI 分析客户需求，主动提出个性化解决方案；项目经理可以用 AI 预测风险，提前调整策略。我们不再只是“执行者”，而是可以借助 AI 的力量，成为“创新者”，在工作中展现更多的主动性和创造力。

5.2.4 从“独立工作”到“协同合作”

过去，很多工作是个体独立完成，团队协作效率较低。但现在，AI 可以成为团队中的“智能助手”，帮助我们更好地协作和沟通。比如，开会时，AI 工具可以自动生成会议摘要并分配任务；跨部门合作时，AI 平台可以实时共享数据和进度。我们不再只是“单打独斗”，而是可以借助 AI 的力量，提升团队协作效率，让工作变得更顺畅。

5.2.5 从“固定岗位”到“灵活适应”

以前，很多岗位的职责固定，我们只需要完成特定任务。但现在，AI 正在改变岗位的边界，我们需要灵活适应新的工作内容和角色。比如，客服人员可以用 AI 工具处理常见问题，同时学习如何解决复杂问题；生产线工人可以用 AI 监控设备状态，同时学习如何优化生产流程。我们不再局限于“固定岗位”，而是可以借助 AI 的力量，不断调整和提升自己，适应新的工作环境。

AI 正在赋能我们的工作，帮助我们从重复劳动中解放出来，成为更高效、更全面、更创新的职场人。未来的工作不再是“人与机器”的竞争，而是“人与 AI”的协作。关键在于，我们是否能够主动拥抱变化，学会利用 AI 工具提升自己的能力，适应新的工作方式。

5.3　瀚海智语：AI 如何成为海洋领域的“超级大脑”

5.3.1　瀚海智语是什么？

瀚海智语是一款专门为海洋人打造的“超级 AI 助手”。它基于海洋专业知识数据和海洋预报行业数据，运用先进的生成式人工智能技术，构建了一个高度专业化的海洋大语言模型。简单来说，瀚海智语就像一本“海洋百科全书”，能够帮助海洋领域的专业人士更高效地完成工作。

（1）瀚海智语有哪些核心能力？

瀚海智语不仅是一个工具，更是一个强大的“海洋知识库”。它基于海洋专业知识数据和海洋预报行业数据，能够实现高度专业化的问答、文本生成、内容摘要、翻译等功能。无论是科研文献、预报材料的生成，还是历史数据分析，瀚海智语都能轻松应对。它还支持多轮对话、历史会话保存与回看，让海洋人的工作更加便捷高效。

问答与对话：瀚海智语可以回答海洋领域的专业问题，支持多轮对话，就像一位随时在线的“海洋专家”。

文本生成：无论是编写报告、文章，还是生成会议材料，瀚海智语都能轻松搞定。

内容摘要与翻译：它可以帮助用户快速提炼长篇文章的核心内容，并支持多语言翻译。

历史会话管理：瀚海智语支持保存和回看历史对话，方便用户随时继续之前的讨论。

（2）瀚海智语的“知识来源”有哪些？

瀚海智语的训练数据包括 5700 多种海洋专业图书和 13 000 多篇期刊文章，确保了它在海洋领域的专业性和权威性。

5.3.2 瀚海智语未来能做什么？

未来，瀚海智语将成为海洋人不可或缺的“智能伙伴”。它不仅可以帮助海洋人解决当下的问题，还能通过不断学习和进化，提供更精准、更智能的服务。无论是科研、渔业、工程还是环保，海洋人都可以借助瀚海智语的力量，提升工作效率，降低风险，创造更大的价值。

（1）海洋数据分析与预测：你的“未来之眼”

海洋人每天面对海量的海洋数据，比如潮汐、洋流、气象、水质等。瀚海智语就像一双“未来之眼”，可以快速处理这些数据，生成可视化报告，并通过 AI 算法预测未来的海洋变化，帮助科研人员和决策者提前制定计划。

（2）渔业资源管理与优化：渔民的“智慧渔网”

对于渔业从业者，瀚海智语就像一张“智慧渔网”，通过分析鱼类迁徙模式、海洋环境变化等数据，提供最佳的捕捞时间和地点建议，帮助渔民提高捕捞效率，同时保护海洋生态平衡。

（3）海上工程与安全管理：工程师的“安全守护者”

在海上工程领域，瀚海智语就像一位“安全守护者”，可以实时监控设备状态、预测潜在风险，并提供优化方案。比如，在海上风电项目中，瀚海智语可以帮助工程师分析风速、海浪等数据，确保设备安全运行。

（4）海洋环境保护与监测：环保者的“生态雷达”

瀚海智语可以协助环保机构监测海洋污染、追踪塑料垃圾分布，甚至预测赤潮等生态灾害的发生，就像一台“生态雷达”，为海洋环境保护提供科学依据。

（5）航海导航与路径优化：船员的“智能指南针”

对于航海人员，瀚海智语就像一个“智能指南针”，可以提供实时导航服务，结合气象数据和洋流信息，规划最优航线，节省燃料成本并确保航行安全。

瀚海智语就像一个全天候的“海洋超级大脑”，随时准备为海洋人提供支持。无论是探索海洋的奥秘，还是应对海洋的挑战，瀚海智语都将成为你最可靠的伙伴。让我们一起携手，用 AI 的力量，开启海洋探索的新篇章！